本书得到
集宁师范学院博士科研启动基金资助项目（jsbsjj1701）
集宁师范学院科学研究项目（jsky2018073）
内蒙古自治区高等学校科学研究项目（NJZY18233）
内蒙古自治区哲学社会科学规划项目（2015JDB067）
资助出版

西安市新城市贫困空间与城市空间耦合关系研究

暴向平　著

九 州 出 版 社
JIUZHOUPRESS

图书在版编目（CIP）数据

西安市新城市贫困空间与城市空间耦合关系研究 /
暴向平著． -- 北京 ：九州出版社，2018.5（2025.1 重印）
ISBN 978-7-5108-7147-4

Ⅰ．①西…　Ⅱ．①暴…　Ⅲ．①城市规划－空间规划－
研究－西安　Ⅳ．①TU984.241.1

中国版本图书馆 CIP 数据核字(2018)第 122380 号

西安市新城市贫困空间与城市空间耦合关系研究

作　　者	暴向平　著
出版发行	九州出版社
地　　址	北京市西城区阜外大街甲 35 号(100037)
发行电话	(010)68992190/3/5/6
网　　址	www.jiuzhoupress.com
电子信箱	jiuzhou@jiuzhoupress.com
印　　刷	汇昌印刷(天津)有限公司
开　　本	710 毫米 × 1000 毫米　　　　16 开
印　　张	13.75
字　　数	212 千字
版　　次	2018 年 7 月第 1 版
印　　次	2025 年 1 月第 2 次印刷
书　　号	ISBN 978-7-5108-7147-4
定　　价	48.00 元

前　　言

本书是在我的博士论文《西安市新城市贫困空间与城市空间耦合格局及机制研究》的基础上进行修改而成的。

2012～2015年，我在陕西师范大学攻读人文地理学专业博士学位，师从旅游与环境学学院薛东前教授。薛老师不仅为我提供了众多科研实践机会，更以宽容大度的处世态度，科学严谨的治学精神，广博深厚的学术素养使我受益匪浅，并将在今后激励我不断努力。导师教学和科研任务十分繁重，但仍然坚持在百忙之中抽时间组织学术讨论及相关科研活动，关心并督促学生的学习和科研进展。感谢导师不嫌学生天资愚钝、学识粗陋，每想起自己尚未达到导师要求时，学生心中深感歉疚。

感谢陕西师范大学所有为我提供帮助和支持的老师和同学们。

向所有对论文写作有过帮助和启发的文献作者们致敬，前辈们的学术成果为论文的完成提供了重要支撑。

还要特别感谢出版社的编辑老师和朋友们，他们为得以出版付出了辛勤劳动，给予了大力支持。

衷心感谢原来的工作单位——呼伦贝尔学院，感谢学校领导提供宽松的学习环境，使我有大量时间去思考、去学习而不用兼顾繁重的教学任务；感谢我所在的旅地学院各位领导和同事们所给予的鼓励与支持。

2016年10月进入集宁师范学院工作以来，学校领导、系领导和同事对我工作、学习、家庭等方面给予的大力支持和帮助以及给予我最大的宽容。在此，我要深深地说一声：感谢。

衷心感谢集宁师范学院博士科研启动基金项目的资助！

最后我要表达对家人的感激之情，是你们让我没有任何后顾之忧，你们付出了太多的辛劳和汗水。

由于本人知识的有限性和研究能力的局限性，书中肯定存在诸多不足，敬请各位老师、专家批评指正，不胜感激！

暴向平

2017 年 12 月

目　　录

I

第1章 绪 论

1.1 选题依据

1.1.1 选题背景

1．新城市贫困空间与城市空间发展的不平衡

20世纪90年代以来，西安市在城市建设方面取得了重大成就，在城市经济、城市人口、建成区面积等方面呈现高速增长趋势，2013年全市GDP为4884.13亿元，从2000年到2013年的13年间GDP均以大于10%的速度增长。1990年城市化水平为37.28%，到2013年增长到72.05%，增长了1.93倍；1990年建成区面积为138km^2，2013年则增加到505km^2，为1990年的3.66倍。

近些年，西安市经济迅猛发展，但城市社会福利改革却发展滞后，导致下岗、失业、贫富分化、居住空间不足、城市犯罪、公共服务供给不足等问题出现，进而引起西安市新城市贫困问题不断凸显。在"双转变"(经济体制转轨和社会结构转型)这一特殊历史时期，新城市贫困问题成了城市化进程加快、经济社会快速发展时代的不和谐因素，严重阻碍和谐社会的建设，而产生以上一系列问题的重要原因就是新城市贫困空间与城市空间发展的不平衡。因此，缓解西安市新城市贫困问题必须改变当前这种新城市贫困空间与城市空间发展不平衡的状态。

1

2．"双转变"（经济体制转轨和社会结构转型）与新城市贫困空间重构

20 世纪 90 年代以来，西安市经济发展非常迅速，但是在"双转变"大背景下西安市大量国有企业，如纺织、传统的轻工业和机械、军工等劳动密集型行业在计划经济向市场经济转变过程中失去了比较优势和国际竞争力，被迫进行产业结构调整，从而产生了大量的下岗工人和失业人员，西安市城镇登记失业率从 1990 年的 2.30%上升到 2013 年的 3.49%，如果加上未登记人员，真实失业率可能会更高。在收入分配不平等加剧、社会保障制度不健全、城市管理体制改革滞后等诸多因素的影响下，新城市贫困人口激增，由此带来了新城市贫困空间重构。如何在经济体制转轨、社会结构转型背景下，维持新城市贫困空间与城市空间发展的有序协调，成为西安市城市空间发展面临的重要现实问题。

3．"增长型"（片面重视经济增长）政府对新城市贫困群体的忽视

改革开放以后，西安市户籍管理制度的松动，在收入差距的强烈刺激下，致使大量农村剩余劳动力快速涌进城市期望实现自己的"淘金梦"，尤其是 2006 年西安市调整户籍人口准入政策，逐步实行城乡统一的户籍人口管理制度以来更趋明显。但是由于城市管理体制的严重滞后导致农民工在城市的生活举步维艰，无论是物质上还是精神上都在逐渐被边缘化。另外，我国普通高校扩招始于 1998 年，自 2001 年扩招的就业效应开始显现。农民工和"蚁族"等庞大群体的产生，在一定程度上更加剧了城市贫困。2000 年西安市常住人口中非户籍人口比例为 7.19%，2013 年为 6.93%，稍有下降但幅度不大。1990 年高校毕业生数为 2.2 万人，2013 年增长到 22 万人，13 年间上涨了 10 倍。20 世纪 90 年代末期，资本主导的"房地产经济"成为地方政府实现国民经济增长的主导产业，地方政府主导的城市规划不断加强，导致城市空间不断分异，新城市贫困群体的需求被严重忽视，致使新城市贫困群体空间利益被边缘化。因此，在经济高速发展与各种社会问题不断凸显的背景下，必须促进城市空间发展与新城市贫困群体利益保障协调。

4. 新城市贫困群体需求增长与城市空间资源的非均衡配置

1998 年西安市人均 GDP 为 8 376 元(按照世界银行算法约合 1 012 美元)，到了 2013 年西安市人均 GDP 为 56 870 元(按照世界银行算法约合 9 098 美元)，经济的快速发展促使居民公共需求迅速增长，新城市贫困群体也不例外。在收入不平等、社会福利改革、城市管理体制改革滞后等诸多因素的影响下，新城市贫困群体的需求远远不能满足，从而导致城市空间资源配置与新城市贫困群体需求增长不匹配。如何为新城市贫困群体提供良好公共服务，从而实现城市空间资源合理而有效、公平又公正的配置，成为转型期西安市持续而稳定发展亟须解决的问题。

基于以上研究背景分析，本书认为，西安市处于"双转变"(经济体制转轨和社会结构转型) 时期，城市空间和新城市贫困空间都在被不断重构，二者之间不断相互作用，但在此过程中应对新城市贫困空间演变做出积极响应，在城市空间发展过程中始终考虑新城市贫困空间的发展需求，实现二者"协调发展——和谐共生"。由此可见，探讨二者耦合协调发展对实现西安市城市空间合理、有序发展具有一定的现实意义。

西安市作为西北地区第一大城市和我国的老工业基地，改革开放以来发展较为迅速，城市空间也呈现许多新特征。从总体来看，西安市由于受到经济、体制、社会、政策、历史等一系列因素影响，新城市贫困空间与城市空间不断发生变化。与此同时，西安市正经历复杂的经济体制转轨、社会结构转型的关键时期，城市快速发展所引发的新城市贫困问题引起了学术界广泛关注。因此，以西部欠发达地区的超大型老工业基地城市西安为实证研究对象具有较强的代表性。

1.1.2 研究意义

1. 理论意义

城市贫困问题是城市地理学、城市社会学、经济学、社会学等相关学科研究的热点问题之一，目前众多学者对城市贫困问题做了大量研究，但在研究过程中更多聚焦于城市贫困问题本身，多为静态研究，时空结合的研究则极为少见。本书尝试以西安市为实证研究对象，在前人对城市贫困、城市贫困空间与城市空间研究的基础上，对西安市新城市贫困空间与城市空间耦合格局及机制进行研究，构建二者耦合研究框架体系，进而拓宽新城市贫困问题的研究思路。

2. 实践意义

长期以来，西安市城市规划以及城市实际发展过程中"重物质空间，轻社会空间"，尤其是对新城市贫困空间严重忽视。本书尝试通过对西安市新城市贫困空间与城市空间耦合格局进行分析，探讨新城市贫困空间与城市空间耦合机制，提出西安市新城市贫困空间与城市空间耦合调控对策，以改变西安市新城市贫困空间与城市空间发展错位状态，实现二者的良性互动，为西安市编制关注贫困空间、体现社会公平、空间正义的城市规划提供理论指导，为西安市新城市贫困问题缓解和城市空间合理发展提供参考借鉴。

1.1.3　研究区域和研究时间断面的选择

1. 研究区域的选择

本书选取的研究区域为西安市城 6 区(雁塔区、碑林区、莲湖区、新城区、未央区和灞桥区)，综合考虑西安市发展历史、城市规划和城市发展现状等因素以及研究需要，将研究区域划分为内城(明城墙之内)、主城(明城墙之外至二环线)、近郊(二环线之外至绕城高速)和远郊(绕城高速之外) 4 个圈层(图 1-1)。之所以选择城 6 区作为本书的研究区域，除考虑数据的可得性之外，主要还是考虑西安市城 6 区既能反映出转型期以来西安市城市空间演变的主要内容，又能体现西安市新城市贫困空间演变的独特性。因此，将城 6 区作为本书研究区域更能够突出体现西安市新城市贫困空间与城市空间耦合演变特征。

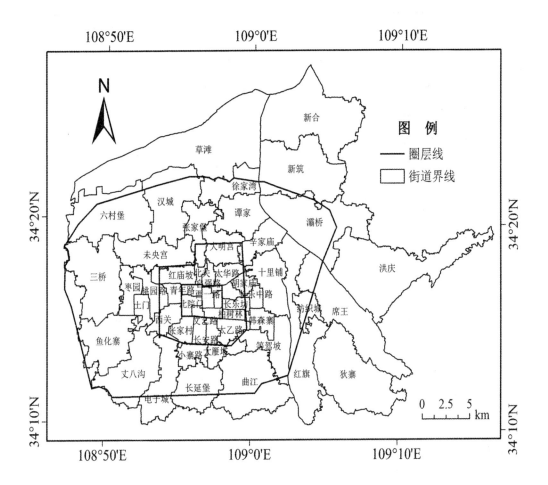

图 1-1 本书研究区域

西安市位于渭河流域中部关中盆地，107.40°~109.49°E 和 33.42°~34.45°N 之间。西安市城 6 区(表 1-1) 总面积为 832.17km², 属暖温带半湿润大陆性季风气候，冷暖干湿四季分明。本书研究基本空间单元为"街道办事处"(以下简称街道)一级的地域行政单元，研究区域共包含 53 个街道(表 1-2) 。

表 1-1　西安市城 6 区基本概况

各行政辖区	位置	面积(km²)	常住人口(万人) (2012 年底)	2012 年国内生产总值 (亿元)
雁塔区	城区南部	151.44	118.89	838.91
碑林区	城区东南部	23.37	62.08	466.96
莲湖区	城区西北部	38.32	70.25	479.40
新城区	城区东北部	30.13	59.44	428.92
未央区	城区北部	264.41	81.46	518.06
灞桥区	城区东部	324.50	60.16	233.30

表 1-2　西安市城 6 区空间单元划分

各行政辖区	所含街道
雁塔区(8)	大雁塔街道、小寨路街道、长延堡街道、电子城街道、等驾坡街道、鱼化寨街道、丈八沟街道、曲江街道
碑林区(8)	南院门街道、柏树林街道、长乐坊街道、东关南街街道、太乙路街道、文艺路街道、长安路街道、张家村街道
莲湖区(9)	青年路街道、北院门街道、北关街道、红庙坡街道、环城西路街道、西关街道、土门街道、桃园路街道、枣园街道
新城区(9)	西一路街道、长乐中路街道、中山门街道、韩森寨街道、解放门街道、自强路街道、太华路街道、长乐西路街道、胡家庙街道
未央区(10)	张家堡街道、三桥街道、辛家庙街道、徐家湾街道、大明宫街道、谭家街道、六村堡街道、未央宫街道、汉城街道、草滩街道
灞桥区(9)	纺织城街道、十里铺街道、红旗街道、席王街道、洪庆街道、狄寨街道、灞桥街道、新筑街道、新合街道

2．研究时间断面的选择

选取 1990 年、2000 年和 2013 年 3 个时间断面进行研究，之所以选取这 3 个时间断面，主要考虑以下几个方面：

第一，以 1990 年作为本研究的起点能够体现问题的典型性；

第二，数据的可得性和数据的现时性；

第三，研究问题的延续性，考虑与前期研究成果的连续性，相关数据通过各种官方数据和标准进行了修正。

1.2　研究方案

1.2.1　研究目标

1．科学问题

本书从空间耦合角度切入进行研究，对新城市贫困空间与城市空间耦合内涵进行有效辨识，在新城市贫困空间与城市空间发展水平演变研究的基础上分析西安市新城市贫困空间与城市空间耦合分异规律及其机制。

2．现实问题

本书探讨西安市新城市贫困空间与城市空间耦合格局并分析机制，提出新城市贫困空间与城市空间耦合调控对策，有助于科学认识西安市转型期新城市贫困问题，为优化西安市城市空间、实现城市规划整体目标提供科学依据。

1.2.2 研究内容

第1章：绪论。从选题背景、研究意义、研究区域和研究时间断面的选择等方面提出选题依据，在此基础之上阐述研究方案，主要包括研究目标、研究内容、拟解决的关键问题、研究方法、数据来源和技术路线。

第2章：国内外相关研究进展。梳理城市贫困及城市贫困空间相关研究、城市空间相关研究以及二者关联关系的相关研究等研究脉络、主要成果及不足。

第3章：概念辨析与理论基础。对新城市贫困、新城市贫困空间、城市空间、耦合、新城市贫困空间与城市空间耦合及耦合系统等概念进行辨析，并对二者耦合内涵进行了阐释；阐述了新城市贫困空间与城市空间耦合的基础理论。

第4章：西安市新城市贫困空间与城市空间发展水平演变，主要是从微观(街道)视角切入利用问卷调查法、访谈法、统计分析方法和空间分析方法探讨1990年以来西安市新城市贫困空间演变特征。从经济效益、社会效益、环境效益与空间效益等4个方面分别选取评价指标对1990年以来西安市城市空间发展水平进行评价，并从时空结合角度分析其演变特征。

第5章：西安市新城市贫困空间与城市空间耦合格局。通过叠加分析对西安市新城市贫困程度与城市空间发展水平耦合变化规律进行了有效辨识；从时空结合角度对新城市贫困空间与城市空间耦合关系进行定量测度并划分耦合类型区，确定西安市新城市贫困空间与城市空间耦合地域类型划分方案，探索西安市新城市贫困空间与城市空间耦合的时空分异规律。

第6章：西安市新城市贫困空间与城市空间耦合机制。在二者耦合格局分析的基础上，进一步提炼总结新城市贫困空间与城市空间耦合机制。

第7章：西安市新城市贫困空间与城市空间耦合调控。基于以上分析提出二者耦合的调控目标，并提出促进二者耦合协调发展的主要对策。

第8章：结论与展望。归纳研究结论、创新之处，并提出未来研究方向。

1.2.3 拟解决的关键问题

新城市贫困空间与城市空间均具有各自特征，而二者耦合系统更是一个复杂系统，所表现出来的问题错综复杂，影响因子繁多。依据国内外城市空间研究理论和经验模式，立足于西安市 53 个街道，从空间耦合角度对新城市贫困空间与城市空间耦合进行研究。本书力图解决以下几个关键问题：

(1) 西安市新城市贫困空间与城市空间发展水平演变特征如何？

(2) 西安市新城市贫困空间与城市空间耦合关系如何？

(3) 西安市新城市贫困空间与城市空间耦合机制有哪些？

1.2.4 研究方法

1．问卷调查法、深度访谈法及实地调查法

采取问卷调查法、深度访谈法、实地调查法等方法获取基础数据，建立西安市新城市贫困空间数据库、城市空间数据库以及新城市贫困空间与城市空间时空耦合数据库，借助 SPSS19.0 等软件进行定性与定量相结合分析。

2．数理统计分析与灰色关联分析

选取西安市新城市贫困空间与城市空间耦合定量测度指标，建立二者耦合定量测度指标体系，运用灰色关联分析方法，构建新城市贫困空间与城市空间关联度与耦合度模型，判断其关联程度和耦合程度并根据 53 个街道耦合度的大小，并结合实地调查划分耦合类型区。

3．因子分析法与聚类分析法

在基础数据库的基础上借助因子分析法对西安市城市空间发展水平进行评

价。运用因子分析与聚类分析法，并综合考虑实地调查资料，确定西安市新城市贫困空间与城市空间耦合地域类型的划分方案。

4. RS 调查分析与 GIS 空间分析

利用 RS 调查分析获取城市空间发展相关缺失数据，应用 ArcGIS9.3 软件对西安市新城市贫困空间与城市空间发展水平演变特征以及西安市新城市贫困空间与城市空间时空耦合进行分析，从中寻找其时空分异规律。

1.2.5 数据来源

本书的关键数据来源见表 1-3。

表 1-3　论文关键数据来源

类别	数据来源
西安市新城市贫困空间数据	利用问卷调查法、深度访谈法、实地调查法结合官方统计数据获取并通过一定标准和统计方法处理后获得西安市新城市贫困空间相关数据。
西安市城市空间相关数据	《西安统计年鉴》、西安市雁塔区、莲湖区、未央区、灞桥区、碑林区、新城区等城 6 区统计年鉴、西安市城 6 区人口普查和抽样数据、经济普查数据、社会保障和民政救济数据、《西安市环境质量报告》、分区规划调研数据以及西安市城 6 区统计局、街道办深入调研数据。
地图影像数据	以 1∶25 万西安市行政区划图为底图，采用 xian_1980 地理坐标在 ArcGIS9.3 软件中将其配准，经过矢量化和裁剪处理后，获得西安市城 6 区 53 个街道行政区划图。
其他数据	已公开发表的论文中或已公开出版著作中的公开数据和政府官方网站中的公开数据。

1.2.6 技术路线

本书研究技术路线如下(图 1-2) 。

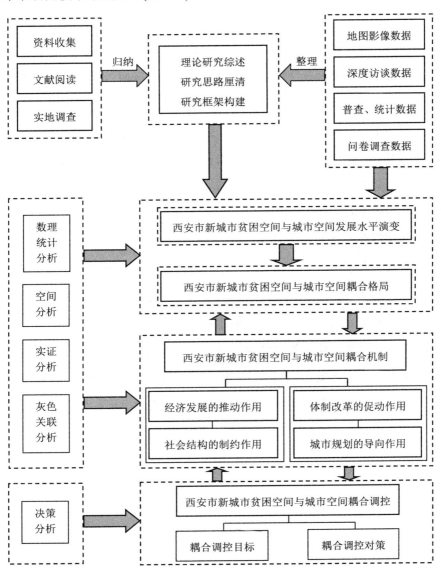

图 1-2 本书研究技术路线

1.3　本章小结

西安市由于受到经济、体制、社会、政策、历史等一系列因素影响，新城市贫困空间与城市空间都经历了复杂的变动过程。与此同时，西安市正处于复杂的"双转变"的关键时期，城市快速发展所引发的社会问题引起了广泛关注，城市空间的快速转型与重构已成为必然趋势，但必须充分注意到新城市贫困空间演变对城市空间发展的影响作用，应对新城市贫困空间演变做出积极响应，在城市空间发展过程中始终考虑新城市贫困空间的发展需求，实现城市可持续发展和新城市贫困问题有效缓解。

本书尝试以西安市为实证研究对象，以微观尺度的街道为基本研究单元，利用问卷调查法、访谈法、实地调查法、RS 调查分析、ArcGIS9.3 软件空间分析、数理统计分析和灰色关联分析等方法从时空结合角度对西安市新城市贫困空间与城市空间耦合格局及机制进行研究，构建新城市贫困空间与城市空间耦合"过程—格局—机制—调控"研究框架体系，以改变西安市新城市贫困空间与城市空间发展错位的状态，为西安市编制关注贫困空间、体现社会公平的城市规划提供理论指导，为西安市新城市贫困问题缓解和城市空间合理发展提供参考借鉴。

第 2 章　国内外相关研究进展

2.1　城市贫困及城市贫困空间相关研究进展

2.1.1　城市贫困阶层构成研究

国外学者 Spencer(1985) 认为城市贫困阶层的构成较复杂，各类人群都有可能成为贫困者[1]。Steward(1983) 认为按比例结构，包括儿童、残疾者、老人、在业的低收入者和临时性失业者以及少部分有劳动能力的个人[2]。Zajczyk(1996) 对意大利的米兰、那不勒斯等城市进行研究，发现年轻人正成为这些区域贫困阶层的主体[3]。威尔森(Julius William Wilson，1999) 认为发达国家的外国移民和发展中国家中涌入城市的农村移民等成为城市贫困阶层的重要组成部分[4]。

国内学者张茂林等(1996) 将城镇贫困人口划分为城镇居民贫困人口和农民工贫困人口[5]。马清裕(1999) 以北京为例研究认为除包括原有"三无"人员以外，还包括职业不固定人群、下岗职工、低工资的退休职工、农转非人员和外来常住人口等[6]。慈勤英(2002) 以上海为例研究认为包括下岗失业人员、因病致贫人员、长期临时性劳务人员、历史遗留问题对象和没有养老金的老年人口，这几类属于绝对贫困人口[7]。朱庆芳(1997) 、吴碧英(2004) 认为下岗失业者占现阶段城市贫困的主体[8-9]。李若建(2000) 、孙陆军等(2003) 认为城市中由于原服务企业效益低下导致退休金不能及时发放的贫困老人也是重要组成部分[10-11]。楼喻刚(2001) 认为还包括在校贫困大学生[12]。苏勤等(2003) 以南京为例研究认为包括下岗职工、失业人员和流动人口[13]。刘家强等(2005) 认为主要包括"城镇贫困职工"、农民工和被征地农民[14]。

2.1.2 城市贫困阶层空间分布研究

伯吉斯的同心圆理论[15]、霍伊特的扇形模式[16]、哈里斯和乌尔曼的多核心模型[17]这三大经典模型，都认为贫困群体有在城市某些特定区域集聚的特征。后来学者们三个模型不断完善，认为美国郊区化进程中低收入和贫困阶层仍集聚在城市 CBD 外缘、中心区内部[18-19]。怀特(White，1987) 认为贫困阶层在 CBD 周边的停滞发展地带聚居，有些与绅士化地区连接[20]。Peter Mann(1965) 对英国中等城市研究表明低中收入和最低阶层分布在城市外围边缘区[21]。Badcock(1984) 研究发现澳大利亚主要城市出现贫困阶层由市中心向郊区集聚的趋势[22]。Minot Nicholas and Baulch Bob(2005) 通过对越南研究发现，贫困发生率最高的地区集中在东北和中部高山地区，贫困发生率最低的地区在东南和大都市中心地区[23]。Burke and Jayne(2008) 对肯尼亚研究发现持久性贫困户和非贫困户都呈现向一定地区聚集的趋势[24]。

国内学者的研究内容主要集中于以下几个方面：

第一，从理论上讨论新城市贫困区位化现象已经出现。随着城市社会分层现象的不断加剧，贫困群体逐渐向城市的某些特定区域集聚而出现"贫民区"的现象。陈涌(2000) 认为随着城市社会的变迁，城市社区表现出了阶层化的趋势，不同阶层的人口，开始有规律地居住在城市的不同区位，其中包括，城市贫困人口逐渐聚集在城市的某些特定区域，形成了城市贫困人口居住区位化现象或新的城市贫民区[25]。李潇等(2004) 认为至 2001 年，中国城市化的加速推进对城市贫困尤其是城市贫困区位化的影响已初露端倪[26]。陈云(2009) 认为随着城市阶层分化状况的日益明显化与稳定化，中国各大城市中都出现了明显的贫困区位化趋势，贫困人口聚居区也逐渐成为"城市的死角""被遗忘的角落"[27]。高云虹(2010) 认为改革开放以来尤其是近些年来，在一些大、中城市，在城市社会分层现象不断加剧的过程中，城市社会空间分异特征显著，导致贫困群体在特定区域集聚[28]。

第二，针对某一城市对城市贫困空间分异展开实证研究(表 2-1)。

表 2-1　国内城市贫困空间分异研究

学者/年份	研究区域	研究结论
马清裕等 (1999)	北京	外城是拥挤的贫民居住区，目前低收入、下岗失业人员主要聚居在中心城东南郊、南郊地区[6]。
苏勤等(2003)	芜湖市	由于各种因素作用致使 4 个区贫困人口空间分布差异非常大[29]。
陈果等(2004)	南京市	南京 6 个城区贫困人口数量差异较大，集聚现象比较明显[30]。
吕露光(2004)	合肥市	不同收入水平群体的区域化集聚现象已经出现[31]。
吴文鑫(2006)	兰州市	城市贫困人口主要分布于老城区、传统工业区以及过去国有企业集中区[32]。
袁媛等(2006, 2008)	广州市	内城外围区贫困人口的集聚比例和空间分布都有所加重[33-34]。
李庆瑞(2009)	成都市	对户籍贫困人口的空间分布状况进行分析表明贫困阶层主要分布于城郊接合部[35]。
胡晓红(2010)	西安市	城市贫困人口主要分布于城郊接合部，本地贫困人口主要分布在老城区、传统工业区，异地贫困人口主要分布于"城中村"中[36]。
林胜利(2011)	保定市	城市贫困人口主要集聚在老城区、西郊工业区和"城中村"[37]。
骆玲(2012)	武汉市	从总体来看，城市贫困人口主要集中于老城区和早期工业的重点建设区；从街道来看，贫困人口主要集聚在内城区和城乡接合部[38]。
谌丽等(2012)	北京市	低收入群体所占比例较高的街区主要分布在城市边缘郊区，并有向外扩展的趋势[39]。

15

纵观国内外学者对城市贫困空间分异研究的方法和手段，主要有构建模型、社区分析法、文献分析法、抽样调查法、资料统计分析法、典型社区问卷调查法、访谈法、因子分析法、城市意象空间研究法、数理统计分析法、空间分析法、微观社会调查法、软件应用法(ArcView、Excel、ArcGIS、SPSS、SAS 等)、灰色系统分析法等方法，这些既有定性分析方法，也有定量分析方法，从中可以发现近些年的研究更倾向于利用定性与定量相结合的方法进行分析。

2.1.3 城市贫困形成原因研究

国内外学者都非常关注城市贫困形成原因，许多学者提出了很多具有影响力的观点。

1. 国外研究观点

从国外研究来看，主要观点有以下几种：

(1) 个人主义解释。指出城市贫困产生的根源是个人和家庭的原因[40-41]。

(2) 贫困文化论。贫困文化理论由奥斯卡·刘易斯(O.Lewis，1959) 最早提出。所谓贫困文化指的是一套穷人具有的规范和价值观，并解释贫困文化如何在贫困群体中传递[42]。认为贫困文化像其他文化传统一样具有一定的"继承性"，会在贫困群体中传递，进而使其陷入贫困恶性循环。

(3) 社会经济因素。将城市贫困归因于生产资料占有的不平等。马克思(Karl Marx) 认为占有生产资料多的资产阶级不断剥削占有生产资料少的无产阶级，进而使无产阶级沦为贫困阶层[43]。

(4) 社会地理学解释。认为导致城市贫困发生的原因是多方面的且不同区域有其自身特点。威尔逊(Julius William Wilson，1987) 认为产业结构变化引起的底层阶级内部人口迁移分化，是导致城市贫困阶层局限于都市中心区的原因[44]。L.Yapa(1996) 认为当代贫困研究的意义在于与"地方性"结合[45]。

(5) 功能主义解释。帕森斯(T.Parsons) 认为，发达工业社会中的各种社会角色必须有人扮演[43]。

(6) 结构性解释。把贫困归因于社会持续的不平等，这些不平等实际上迫使一些人处于贫困[46]。Nurul H. Chamhuri 等(2012) 认为城市贫困更多是贫困与分配问题的关系[47]。

2．国内研究观点

国内学者研究的主要观点如下：

(1) 贫困文化和个人主义观点。奥斯卡·刘易斯的贫困文化理论后来被国内许多学者所接受，并在贫困文化论的基础上指出贫困文化是城市贫困产生和不断延续的根源。吴理财(2001) 认为贫困文化是贫困长期存在的主要根源[48]。周怡(2002) 认为穷人在长期的贫困生活中形成了一整套特定的文化体系、行为规范和价值观念体系[49]。个人主义观点认为贫困与家庭、个人素质以及从事的行业有关。樊平(1996) 认为我国城镇低收入群体从事的行业主要集中在纺织、煤炭、森林、轻工等[50]。李强(1996) 认为家庭人口多、就业面窄以及家庭负担重是主要原因[51]。陈端计(1999) 认为个人素质低是主要原因[52]。另外许多学者(甘德霞[53]，1998；苏勤等[29]，2003；关信平[54]，2003；曹扶生[55]，2009；胡晓红[36]，2010；刘春怡[56]，2011；骆玲[38]，2012) 在分析城市贫困的形成机制时也探讨贫困群体个人因素，但都认为只是原因之一，并非根本原因。

(2) 经济社会因素。

①经济转轨和社会转型。随着经济结构调整和体制改革，社会主义市场经济体制的逐渐确立，企业经营行为逐渐市场化，尤其是进入 20 世纪 90 年代以后，企业为了适应市场化的趋势，企业不得不进行改革，这样导致大量工人下岗、失业而陷入贫困化。

②收入分配。由于收入分配制度的不合理以及社会分配能力不足、制度不完善而导致收入差距不断增大，导致部分人群因为资本积累速率低而被沦为贫困群体。

③社会保障制度。由于各种社会保障制度改革滞后致使等使贫困群体很难从

中受益，从而导致贫困程度加剧。国内学者(蒋青等[57]，1996；刘玉亭等[46]，2002；苏勤等[29]，2003；李强[58]，2005；吴文鑫[32]，2006；袁媛等[59]，2006；高云虹[60-61]，2007，2009；曹扶生[55]，2009；胡晓红[36]，2010；刘春怡[56]，2011；胡永和[62]，2011；梁汉媚[63]，2012）对以上三点均有所阐述。

(3) 其他视角的研究。从社会排斥角度(杨冬民，2006；苏德然，2009；李晨光，2010)；从社会、经济支持网以及社会安全网的角度(朱玲，1998；李晗，2006；尹海洁‛2006)；从城市化的角度(何凡等，2003；漆畅青等，2005)；从可行能力、权利的角度(洪朝辉，2003；屠国玺，2006；郭爱君等，2007；何慧超，2008)；从就业的角度(黄宁莺等，2004；张勉，2006；王丽艳，2008)。

2.1.4 城市贫困治理研究

1. 国外反贫困措施

国外学者 Hamilton C. Tolosa(1978) 提出社会基础设施投资可以作为反贫困的主要措施，并应该对其进行监控[64]。埃斯平—安德森(Esping-Andersen，1990) 提出反贫困过程中应从家庭与自愿机构的援助、政府的直接干预和市场经济的作用等 3 个领域体现资本主义福利政策[65]。马丁·瑞沃林(Martin Ravallion，1991) 认为在反贫困战略中，要将反贫困资源、管理成本、初始工资分布以及政策制定者对贫困的态度等多种因素综合考虑[66]。Saibal Kar and Sugata Marjit(2009) 认为非正规部门提供非正规就业对反贫困具有重要意义[67]。Georgina Y. Stal 等(2010) 认为可以通过社会经济一体化结束贫困恶性循环[68]。

从实践层面来看，美国主要借助福利政策变革来减轻城市贫困；欧洲重视在反贫困中政府在财政支出、政策制定以及执行过程中的干预作用以及社会保障制度改革，主要包括相应福利制度和政策体系以及比较全面的老年人、失业者、儿童、医疗等社会服务体系的建立；英国的反贫困主要是通过关注就业、立法、社会保制度改革等方面来实现，尤其是就业一直是反贫困所重视的问题；日本的反贫困主要是依靠扩大就业、社会保障制度改革来完成，并将二者有机结合起来，有效地减少了城市贫困人口数量；孟加拉国通过政府、政党和商业团体、非政府组织共同发挥作用来应对贫困问题；印度的反贫困措施主要包括发展经济、增加就业、提供住房、加强教育和健康服务[69]。

从总体来看，国外的反贫困措施主要体现在扩大就业、提供住房、完善社会保障制度、大力发展经济等几个方面。从上述分析可以发现在国外的反贫困措施中每个国家都提倡发展经济，因此发展经济成为反贫困的主要措施，有的学者提出通过立法，还有学者认为可以借助社区整合来缓解城市贫困[70]。在城市贫困问题缓解过程中重视政府的干预作用，另外很多国家通过多主体参与共同作用来缓解城市贫困，尤其是很多国家强调非政府组织(NGO) 在反贫困中的重要性。

2．国内反贫困措施

国内学者在城市贫困治理方面提出了很多建设性的对策建议和具有很高价值的观点。我国学者对城市贫困治理的观点主要集中在以下两个方面：

(1) 社会保障制度改革。包括收入分配制度、户籍制度、教育制度、就业政策、救助制度、保险制度等；

(2) 经济体制变革。主要是发展经济、扩大就业。国内学者(文军[71]，1997；刘玉亭等[46]，2002；苏勤等[29]，2003；李强[58]，2005；高云虹[60-61]，2007，2009；鲁文斌[72]，2012；陆红[73]，2013) 对以上两个方面均有所论述。国内学者还提出了其他方面的反贫困对策，北京新城市贫困阶层问题研究课题组(2002) 、徐充(2005) 、黄桦(2008) 、向川(2009) 、李佳(2009) 、邓国营等(2012) 认为城市贫困主体建设也很重要，反贫困还要提高贫困群体自身素质。钱志鸿等(2004) 、杨冬民(2006) 、苏德然(2009) 、李晨光(2010) 认为反贫困应消除社会排斥。李庆瑞(2009) 认为城市公共资源应均等化，主要通过合理配置公共资源、公共基础设施均等化来实现。徐充(2005) 、张艳萍(2007) 、李佳(2009) 、周佳辰(2011) 认为非政府组织(NGO) 在反贫困中作为主体参与也很重要。赵晓彪等(1998) 、赵雪雁(2004) 、陈晖涛(2006) 认为应该建立城市反贫困监测体系。

3. 西安市城市贫困治理的主要措施

1998 年西安市开始实行居民最低生活保障制度。最低生活保障线在城市反贫困工作担当了很重要的角色[74]。但是研究组调查发现最低生活保障线覆盖范围非常小，且被定义为贫困的人口明显少于实际的贫困人口，当地政府主管部门面临很严重的资金短缺问题，为了解决资金短缺的问题，政府就大量减少受益人，降低接受最低生活保障线救助人群的资格标准。2014 年 1 月西安市城 6 区最低生活保障群体数量为 69633 万人，仅占本研究中 2013 年新城市贫困人口的 11.65%，可见相对于经济的快速增长以及生活水平的大幅提高，最低生活保障线的提高幅度是远远不够的。从总体来看，西安市反贫困效果不够理想，与现实差距很大。

2.1.5　西安市城市贫困及城市贫困空间研究

曹燕(2008) 从群体规模、人员构成、生存现状等方面对西安市城区贫困群体进行了研究，认为以社会组织和社会制度为支撑的正式的和以社会网络为支撑的非正式的社会支持的缺失而导致贫困[75]；黎洪艇(2008) 对西安市城市贫困现状、特征、原因进行了分析，认为致贫原因是社会外在客观性致贫因素(体制改革、社会保障制度、收入分配、产业结构调整) 和贫困居民个人主观性致贫因素(家庭、就业负担、人口素质、思想观念等) ，并提出了相应对策[76]；胡晓红(2010) 对西安市城市贫困空间分异进行了研究，认为分异机制主要包括社会空间结构的继承、内城改造、城市规划、户籍制度和福利分房制度以及贫困个体自身因素[36]；张常桦(2012) 对西安贫困阶层的城市空间分布结构进行了研究，认为贫困阶层的城市空间分布结构是自然区位、历史选择、社会制约、文化趋同等多种要素综合作用的结果[77]；刘溪(2014) 对西安市新城市贫困格局进行了分析，认为其形成机制主要包括社会阶层分化、历史因素、城市规划因素、土地使用制度改革和旧城改造政策、户籍管理制度的松动、住房制度改革[78]；吕晓芬、赵奂、王翔(2014) 分别从城市功能格局、城市环境格局、城市人口格局与新城市贫困空间格局进行了时空耦合分析[79-81]。薛东前等(2014) 基于街道尺度对西安城市贫困与城市环境质量的耦合进行了分析[82]。暴向平等(2015) 基于多尺度对西安市新城市贫困空间分布特征及其形成原因进行了分析，认为影响因素有经济体制改革、社会福利改革、收入差距拉大、城市规划导向和社会空间结构的继承[83]。

2.2 城市空间相关研究进展

2.2.1 国外城市空间相关研究

1．城市空间结构的概念

城市空间结构一般指的是城市内部空间结构，国外学者从自身学科背景出发提出了多种定义，代表性观点如下(表 2-2) 。

表 2-2 国外城市空间结构定义代表性观点

学者/年份	主要观点
富勒(Foley，1964)	包括文化价值、功能活动和物质环境三种要素，空间和非空间两种属性，形式和过程两个方面，具有时间特性[84]。
韦伯(Webber, 1964)	其形式是指物质要素和活动要素的空间分布模式，过程则是指要素之间的相互作用，表现为各种交通流[85]。
哈维(Harvey, 1975)	具有两层含义，其表征是城市各组成要素的特征和空间组合格局，其内涵是人类的经济、社会、文化活动在历史发展过程中的物化形态[85]。
波恩(Bourne, 1982)	城市要素的空间分布和相互作用的内在机制，使各个子系统整合成为城市系统[86]。

续表

学者/年份	主要观点
布罗茨(Brotchie, 1985)	居住和非居住城市活动的模式及其相互作用,这种作用是通过它们所在的建成环境来体现的[87]。
贝里(Berry, 1994)	城市内部结构,包括居住方式和社会经济方式[88]。
Yeh and Wu(1995)	明确地反映了政治和公共政策的关系[89]。
诺克斯(Knox, 1998)	反映了城市运行的方式,即把人和活动集聚到一起,又把他们挑选出来,分门别类地安置在不同的邻里和功能区[88]。

2. 城市物质空间研究

西方国家早期研究主要是以神权、君权思想为依托,强调以宗祠、神庙、市场等为核心的城市空间布局以及秩序化的理想结构形态[90]。古希腊希波丹姆(Hippodamus,公元前 5 世纪) 提出的"棋盘式"模式;古罗马维特鲁威(Vitruvius,公元前 1 世纪) 提出"蛛网式八角形"模式[91]。

18 世纪工业革命后,英国欧文(Owen,1817) 创办的"新和谐村"、傅立叶(Fourier,1929) 的"法郎吉"协作社。英国霍华德(Howard,1919) 提出的"田园城市"。法国柯布西埃(Corbusier,1931) 提出的"光辉城市"。还包括后来马塔(Mata)的带形城市、戛涅(Gamier) 的工业城市、沙里宁(Saarinen) 的有机疏散理论[91]。

二战后,阿隆索(Alonso,1964) 在《区位与土地利用》一书中提出了地租竞价曲线(bid-rent curves) ,指出经济发展的周期性演变对城市空间扩展形式的周期性更替产生了决定作用,城市产业集聚和产业结构演变一直是城市空间扩展的直接动力[92]。米尔斯(Mills,1972) 和贝鲁克纳(Brueckner,1978) 基于阿隆索地租竞价曲线也构建了相应的城市结构模型[93-94]。斯麦思(Smailes,1966) 研究认为城市物质形态的发展变化主要表现为向外扩散和内部重构[95]。

3. 城市社会空间研究

20 世纪后期列斐伏尔提出"社会空间"辩证法的概念,对空间的认识转向了社会、生活维度[96]。20 世纪 80 年代以来，城市发展进程不断加快，社会—文化进程也不断加快，社会群体在地理空间上要求自由、自主、机会与平等的基础上开始转向对社会空间提出同等要求，需求由生理层面逐渐向更高层面的社会文化、尊严、价值层面不断深化[97]。另外，英国、美国、加拿大和日本等学者基于不同的案例，分别对社会空间剥夺水平[98]、社区资源配置[99-100]、生活质量的空间涵义[101-102]及福祉地理学[103]等方面进行了研究。

2.2.2　国内城市空间相关研究

国内城市空间研究开始于 20 世纪 80 年代，虽然起步相对较晚，但是研究成果相对比较丰富，主要代表性研究专著如下表所示(表 2-3) 。主要研究内容如下：

表 2-3　国内城市空间研究代表性专著

编者	专著	出版社	时间
董鉴泓	中国城市建设史	中国建筑工业出版社	1982 年
叶骁军	中国都城发展史	陕西人民出版社	1988 年
武进	中国城市形态：结构、特征及其演变	江苏科学技术出版社	1990 年
胡华颖	城市、空间、发展—广州市城市内部空间分析	中山大学出版社	1993 年
胡俊	中国城市：模式与演进	中国建筑工业出版社	1995 年
姚士谋	中国大都市的空间扩展	中国科学技术大学出版社	1998 年
段进	城市空间发展论	江苏科学技术出版社	1999 年
顾朝林	集聚与扩散—城市空间结构新论	东南大学出版社	2000 年
江曼琦	城市空间结构优化的经济分析	人民出版社	2001 年
柴彦威	中国城市的时空间结构	北京大学出版社	2002 年
朱喜钢	城市空间集中与分散论	中国建筑工业出版社	2002 年

续表

编者	专著	出版社	时间
黄亚平	城市空间理论与空间分析	东南大学出版社	2002 年
冯健	转型期中国城市内部空间重构	科学出版社	2004 年
王兴中	中国城市生活空间结构研究	科学出版社	2005 年
周春山	城市空间结构与形态	科学出版社	2007 年
张京祥	体制转型与中国城市空间重构	东南大学出版社	2007 年
吴缚龙	转型与重构：中国城市发展多维透视	东南大学出版社	2007 年
陈鹏	中国土地制度下的城市空间演变	中国建筑工业出版社	2009 年
徐昤	城市空间演变与整合：以转型期南京城市社会空间结构演化为例	东南大学出版社	2011 年

(资料来源：亚马逊(www.amazon.cn)、百度(www.baidu.com) 和 google(www.google.cn) 等网站相关信息整理汇总)

1．城市土地利用与城市形态研究

崔功豪(1990) 以南京和苏、锡、常等城市为例，探讨了我国城市边缘区的发展过程和社会经济特征[104]。顾朝林(1995) 对大城市边缘区的经济功能、经济特征以及城市边缘区土地利用特征和地域空间结构进行了细致分析[105]。史培军等(2000) 利用遥感影像对深圳市土地利用变化空间过程进行研究[106]。匡文慧等(2005) 对长春市土地利用变化进行了分析[107]。王兆礼等(2006) 用灰色关联方法对深圳市土地利用变化进行了研究[108]。

2．城市空间结构演化研究

赵荣(1998) 从城市规模、行政职能区、城市经济职能和居住区等几个方面论述了唐代以来西安城市地域结构的主要演变特点[109]。吴启焰等(1999) 对南京都市区内部地域结构进行了实证分析[110]。车前进等(2010) 利用城市形态分形研究方法定量分析了徐州城市空间结构演变规律[111]。

3．城市产业空间研究

闫小培等(1997) 分析了广州市区第三产业空间结构[112]。娄晓黎等(2004) 对长春市产业空间结构进行了实证分析[113]。褚劲风(2009) 对上海创意产业集聚进行了研究[114]。薛东前等(2011，2014) 对西安市文化产业以及文化娱乐业的空间格局特征展开研究[115-116]。

4．城市空间动力机制研究

杨荣南等(1997) 认为城市空间扩展的动力机制包括经济发展、自然地理环境、交通建设、政策与规划控制、居民生活需求等诸多因素[117]。石崧(2004) 从行为主体、组织过程、作用力、约束条件等方面进行了探讨[118]。陈群元等(2007) 指出我国城市空间扩展的主要影响因素有经济发展、自然地理环境、交通建设、政策和规划、居住文化[119]。廖和平等(2007) 认为重庆市社会经济发展驱动因素包括经济、交通和人口[120]。王厚军等(2008) 指出政府行为是城市空间扩展方向及规模的激励或约束机制[121]。乔林凰等(2008) 认为中国各种政策法规的变化发展是导致城市空间扩展的诱因所在[122]。

5．城市社会空间研究

国内学者在 20 世纪 80 年代对城市社会空间展开研究，虞蔚(1986) 是最早利用因子生态分析方法对社会空间进行研究的国内学者，对上海市展开实证研究，探讨其社会空间和环境地域分异[123]。后来国内学者开始了大量研究，产生了大量研究成果，代表性专著如下表所示(表 2-4) 。国内学者的研究内容主要如下：

第一，因子生态分析方法广泛应用。自从这种方法引入国内城市社会空间结构研究以后，国内学者在研究中应用较为普遍，在此期间也产生了大量研究成果，许学强等[124](1989) 、艾大宾等[125](2001) 、周春山等[126](2006) 、李志刚等[127](2006) 、庞瑞秋等[128](2008) 、徐旳等[129](2009) 、宣国富等[130](2010) 、宋伟轩等[131](2011) 、张利等[132](2012) 诸多学者开展了大量实证分析。学者们在研究过程中主要是利用普查数据、人口数据或调查数据，以国内某一城市为实证研究对象，借助因子生态分析法对城市社会区类型进行划分，归纳抽象为空间结构模型，部分学者探讨了机制，有些学者对未来发展趋势进行了探索。

表 2-4　国内城市社会空间研究代表性专著

编者	专著	出版社	出版时间
王兴中	中国城市社会空间结构研究	科学出版社	2000 年
吴启焰	大城市居住空间分异研究的理论与实践	科学出版社	2001 年
刘玉亭	转型期中国城市贫困的社会空间	科学出版社	2005 年
杨上广	中国大城市社会空间的演化	华东理工大学出版社	2006 年
宣国富	转型期中国大城市社会空间结构研究	东南大学出版社	2010 年
李志刚	中国城市社会空间结构转型	东南大学出版社	2011 年

(资料来源：亚马逊(www.amazon.cn)、百度(www.baidu.com) 和 google(www.google.cn) 等网站相关信息整理汇总)

第二，微观层面研究。徐晓军(2000) 对武汉市两个典型社区的调查分析[133]。刘玉亭等(2006) 以南京市为例，认为城市贫困人口在邻里层次上的集聚，导致三种类型低收入邻里的产生[134]。李志刚等(2004) 对上海市三个典型社区做了实证分析[135]、冯健等(2008) 对北京大学中关村高校周边居住区做了调查分析[136]。

第三，以城市中不同群体作为研究对象展开研究。魏立华等(2007) 对广州市不同职业从业者的居住空间分异特征进行了分析[137]。付磊等(2008) 分析了上海市外来人口社会空间结构[138]。李志刚等(2008) 以越秀区小北路为例对广州黑人聚居区展开研究[139]。袁媛等(2006，2008) 对广州市城市贫困群体展开研究[33-34]。李志刚等(2012) 对广州"巧克力城"中的典型非洲人族裔经济区进行了研究[140]。钱前等(2013) 对南京首蓿园大街周边国际社区的社会空间做了调查分析[141]。

6. 城市空间发展评价研究

国内学者彭坤焘和赵民(2010) 认为城市空间结构具有社会、经济、环境等多重效应[142]。郭增荣等(1991) 从经济、社会、环境效益 3 个方面构建指标体系评价城市效益[143]。陈勇(1997) 以重庆南开步行商业街为例建立指标体系利用定量分析方法对城市空间进行评价[144]。江曼琦(2001) 从经济、社会、环境 3 个方面构建了城市空间结构评价体系[145]。黄妙芬等(2004) 从经济、社会和环境效益 3 个方面构建评价指标体系来评价城市发展的综合效益[146]。韦亚平和赵民(2006) 分别从生态绩效、社会经济绩效、交通绩效等 3 个层面提出了绩效密度、绩效舒展度、绩效人口梯度、绩效 OD 比 4 个指标评价都市区空间结构绩效 [147]。李雅青(2009) 从基础实力、投入产出、资源节约、环境友好 4 个方面构建了城市空间经济绩效评价指标[148]。吕斌等(2011) 采用城市建成区内的商业服务、教育服务以及医疗服务三种设施的平均服务半径作为城市空间形态环境绩效评价的指标[149]。车志晖和张沛(2012) 从社会经济、空间形态、流通空间、生态安全 4 方面构建了城市空间结构绩效的评价模型[150]。

2.3　城市贫困空间与城市空间
关联关系的相关研究

国外学者大卫多夫(Davidoff，1965) 认为规划师应代表城市贫困群体和弱势群体，与不同社会群体深入沟通，把解决城市贫民窟和城市衰败地区作为首要任务[151]。一些学者对低收入群体与弱势群体如何与城市空间融合进行了探讨[152-153]。

国内研究主要包括：第一，城市空间对社会空间演变的影响研究。顾朝林等(1997) 认为城市社会极化主要受城市功能结构转变、外国直接投资和流动人口涌入的影响，由于城市社会极化的日益加剧导致新城市贫困现象出现，而且这种变革的社会结构也开始影响城市的空间结构[154]。第二，城市空间与社会空间互动关系研究。王慧(2006) 以西安市为例，对开发区建设与城市经济—社会空间极化分异的关联进行了分析[155]。吴智刚等(2006) 提出城中村改造是不同价值观念在城市发展过程中一个重新认可的过程[156]。郭强等(2012) 认为城市空间的扩展和异质性重构导致社会阶层的异质性和分化进入到不同的城市空间布局[157]。

2.4 国内外研究述评与趋势展望

1. 从国内外对城市贫困及城市贫困空间研究来看，随着经济社会不断发展，国内外学者对贫困的认识逐步深化，从最初单纯的物质、经济范畴，逐渐延伸至非物质范畴，已经演变为涵盖人文、政治、文化、社会等多领域的概念。学者们认为城市贫困群体逐步向城市的某些特定区域聚居；城市贫困的形成原因和治理对策的研究视角越来越全面，国外学者从个人主义、社会经济、社会地理、功能主义和结构主义等多方面对城市贫困形成原因进行研究，国内学者们基于经济学、社会学、地理学、管理学、法学、政治学等不同的学科背景，从贫困文化、社会结构、制度环境、能力、权利、就业、城市化、立法等不同角度对城市贫困形成原因进行研究；各个国家和地区依据自身实际所提出的治理对策有所不同，国外的反贫困措施主要体现在扩大就业、提供住房、完善社会保障制度、大力发展经济等几个方面，国内主要从发展经济、体制变革和社会保障等几个方面提出治理对策。国外学者更多关注邻里单元、居住区、社区等微观层面研究，缺少宏观层面研究；国内学者对北京、广州、南京、西安、武汉、成都、沈阳、哈尔滨、昆明和长春等一系列城市展开实证研究，但对于转型期西部欠发达地区超大型老工业基地城市西安市城市贫困空间的研究则更多是从宏观层面分析，从微观层面研究来看，对城市贫困空间与城市单要素的时空耦合进行了分析，但未从城市空间发展层面对城市贫困空间与城市空间的耦合关系进行分析。

2．国外学者在城市空间研究上，经过长期的理论沉淀和实践积累，理论体系比较成熟，虽然已经开始关注城市空间的系统综合性研究，但研究成果所占比例仍然较低；从国内城市空间研究文献来看，国内学者更多基于西方城市空间研究的理论和方法进行研究，在理论研究方面日趋成熟，在实证研究方面也做了大量研究，并对形成机制进行了深入分析，可见理论和实证两方面均取得了丰硕成果，但从总体来看缺乏空间融合发展研究。

3．从总体来看，国内外对城市贫困空间与城市空间耦合关系未给予足够关注，可以说目前仍处于探索阶段，本书认为主要不足表现为如下几个方面：

第一，尚未形成城市贫困空间与城市空间研究框架体系，国内外学者对城市空间研究已经关注不同社会群体，尤其是对城市贫困群体的关注，但对城市贫困空间研究只关注其本身，缺少二者耦合关系解构与重构分析，理论研究不够深入，理论框架尚未建立。

第二，国外学者对城市贫困空间与城市空间耦合关系研究往往更关注微观层面上邻里单元、居住区、社区等地域空间单元，缺乏宏观层面上对二者耦合关系的深入系统分析。

第三，国内学者对城市贫困空间与城市空间耦合关系的研究，因为更多侧重于自身研究，而未对二者耦合关系给予充分关注。

4．空间耦合：新城市贫困问题研究的新思路。当前由于学者们研究城市贫困空间时只关注城市贫困空间本身，这样对城市贫困空间的形成机制分析就无法全面准确。国外对城市贫困空间的研究相对较为成熟，形成了诸多理论，实证研究更多集中于微观层面。国内对城市贫困空间的研究无论是理论层面还是实践层面均处于探索阶段，更多是借鉴西方理论成果来研究中国城市贫困空间问题，而西方的许多理论和实践存在本土化问题。但是也应该认识到国内学术界在城市空间理论与实证的研究成果对这一领域研究奠定了坚实基础。改革开放以来，我国城市发展过程中暴露了诸多社会问题，尤其是新城市贫困问题，城市发展过程中城市贫困空间这样"异质"空间的出现，引起了国内很多学者的关注，而且也是城市持续发展过程中必须面对的现实问题。因此，基于以上理论与现实需求分析，城市贫困空间与城市空间应该实现有机融合、有序发展。

2.5 本章小结

目前对城市贫困空间研究更多聚焦于城市贫困问题本身，城市空间研究也未对城市贫困空间给予更多关注，单纯凭借各自领域的研究难以有效缓解转型期新城市贫困问题。

对国内外城市贫困及城市贫困空间、城市空间以及城市贫困空间与城市空间关联关系的相关研究进行了梳理，基于国内外已有研究成果，从城市社会学、城市地理学等学科背景出发，归纳提炼出新城市贫困空间与城市空间耦合这一命题，提出了新城市贫困问题研究的新思路——空间耦合。

第 3 章　概念辨析与理论基础

3.1　相关概念解析

3.1.1　概念界定

1. 城市贫困

从英国学者布什(Booth，1889) 和朗特里的(Rowntree，1901) 对城市贫困的研究算起，人类已有 100 多年城市贫困研究历史[158]。朗特里(1901) 最初对于贫困的定义就是以城市及城市的贫困家庭作为研究对象的，国外学者对于发达国家的贫困研究，也多指城市贫困[159]。国外具有代表性观点如下(表 3-1) 。

表 3-1　国外城市贫困定义代表性观点

学者/时间	观点
Rowntree(1901)	如果一个家庭的总收入不足以支付仅仅维持家庭成员生存所需的最低量生活必需品开支，这个家庭就基本上陷入了贫困之中[160]。
Townsend(1979) Atkinson (1998)	收入和经济条件有限，缺乏某些必要的生活资料，个人或家庭生活水平达不到社会可接受的最低标准[161-163]。
Sen(1983)	贫困不仅是收入低下，还包括人类基本能力和权利的剥夺[164]。

续表

学者/时间	观点
Reynocds(1986)	美国有许多家庭因没有足够的收入可以使之有起码的生活水平[165]。
欧共体委员会(1989)	个人、家庭和人的群体的资源如此有限,以致它们被排挤在他们的成员国的可以接受的最低限度的生活方式之外[166]。
西奥多.W.舒尔茨(1990,1991)	作为某一特定社会中特定家庭的特定的一个复杂的社会经济状态,现在仍然存在的绝大部分贫穷是大量的经济不平衡之结果[167-168]。
OPP enheim(1993)	物质上的、社会上的和情感上的匮乏,它意味着在食物、保暖和衣着方面的开支要少于平均水平[169]。
Popenoe(1995)	在物质资源方面处于匮乏或遭受剥夺的一种状况,其典型特征是不能满足基本生活之所需[170]。
萨缪尔森(1999)	贫困是指人们没有足够收入的情况[171]。
世界银行(2000/2001)	当某些人、某些家庭或某些群体没有足够的资源去获得他们那个社会公认的,一般都能享受到的饮食、舒适和参加某些活动的机会,处于这种状态就是贫困[172]。
Pacione (2003)	个人、家庭或群体所在社区处于缺乏食物、衣物、住房条件差,缺乏教育、就业机会、社会服务和参与等综合不利状况[173]。

国内学者关于城市贫困问题的研究始于 20 世纪 80 年代后半期,虽然相对于国外研究起步较晚,但对城市贫困的理解也比较深刻,形成了以下几种代表性观点(表 3-2)。

通过对国内外文献梳理发现随着经济社会不断发展,国内外学者对贫困的认识逐步深化,从最初单纯的物质、经济范畴,逐渐延伸至非物质范畴,已经演变为涵盖人文、政治、文化、社会等多领域的概念。

表 3-2　国内城市贫困定义代表性观点

学者/时间	观点
江亮演(1990)	生活资源缺乏或无法适应所需的社会环境而言，也就是无法或有困难维持其肉体性或精神性生活的现象[174]。
童星、林闽钢(1993)	经济、社会、文化落后的总称，是由低收入造成的缺乏生活必需的基本物质和服务以及没有发展的机会和手段这样一种生活状况[175]。
康晓光(1995)	人的一种生存状态，在这种生存状态下，人由于不能合法的获得基本的物质生活条件和参与基本的社会活动的机会，以至于不能维持一种个人生理和社会文化可以接受的生活水准[176]。
张茂林、张善余(1996)	一个人或一个家庭的生活水平在一定时间、空间和社会发展阶段上达不到社会可接受的最低生活标准[177]。
唐钧(1997)	一个模糊概念，具有不确定性，贫困又是一个过程，它随时间和空间以及人们思想观念的变化而变化[178]。
屈锡华、左齐(1997)	因种种发展障碍和制约因素造成的生存危机和生活困境，一定层面的贫困是一种社会状态，这种状态下不被改善将是恶性循环的[179]。
慈勤英(1998)	缺乏人的基本生存条件，即指人的衣、食、住、行、医、教需求得不到满足的状况[180]。
关信平(1999)	在特定的社会背景下，部分社会成员由于缺乏必要的资源而在一定程度上被剥夺了正常或的生活资料和参与经济和社会活动的权利，并使他们的生活持续性的低于该社会的常规生活标准[181]。
尹志刚等(2002)	在特定的社会背景下，部分社会成员由于缺乏必要的资源而在一定程度上被剥夺了正常获得生活资料和参与经济和社会活动的权利，并使他们的生活持续地低于社会常规生活水准[182]。

2. 新城市贫困

20 世纪 60～70 年代以来，西方国家由于多种因素导致与传统贫困不同的新城市贫困(New Urban poverty) 问题凸现[183]。目前对于新城市贫困内涵的界定也相当模糊,研究者们对于新城市贫困仍然没有一个明确的定义,仅仅将其归结为这样一个解释,即由于经济重构(主要指经济、就业制度相后福特主义的转变) 以及社会变迁(主要指福利制度的重构) 所造成的以失业、在业低收入、无保障、种族分异、移民贫困等为主的新的城市贫困问题,表现为一个处于社会底层的新的贫困阶层的产生[46]。

国内学者苏勤等(2003) 认为在我国,自 20 世纪 90 年代以来,随着经济和社会改革的深入推进,劳动就业制度、住房制度、企业制度、社会保障制度等一系列适应市场经济体制的改革,促使计划经济体制下形成的旧的城市利益格局被打破,新的城市社会关系被重构,并从城市贫困主体构成上对新城市贫困作了阐释,认为我国转型期新城市贫困人口主要包括下岗人员、失业人员、外来流动人员和企业退休职工,这与传统的城市"三无"贫困人口有着本质的区别[13]。刘家强等(2005) 将新城市贫困人口定义为在市场经济中由于所处社会地位和获取社会资源较差,因而缺少竞争能力和就业机会,需要借助外在力量的支持摆脱困境的群体[14]。

本书认为新城市贫困的"新"是表现在:第一,"新阶段"和"新时期",是指我国转型期(经济体制转轨和社会结构转型) 以来,区别于改革开放前低水平均衡状态下普遍的城市贫困和改革开放初期以"三无"人员为主的传统城市贫困;第二,城市贫困主体的"新",由传统的"三无"人员(无经济收入、无劳动能力、无赡养人) 为主体向下岗人员、低工资的退休人员、失业人员、在职低收入人员和外来流动人口中的贫困人员为主体转变。

按照以上理解,本书界定的新城市贫困是指我国转型期以来,在社会急速发展和城市化快速推进的背景下由于经济体制转轨和社会结构转型而产生大量下岗失业人员、在职低收入人员、低工资的退休人员、移民贫困人员(农民工、蚁族) 等为主体的新的城市贫困问题的现象。目前新城市贫困群体主要包括下岗人员、低工资的退休人员、失业人员、在职低收入人员和外来流动人口中的贫困人员。

3. 新城市贫困空间

本书认为新城市贫困空间是转型期以来新城市贫困这一特殊群体，主要包括下岗人员、低工资的退休人员、失业人员、在职低收入人员和外来流动人口中的贫困人员等在城市地域中集聚的空间。本书主要通过新城市贫困水平(新城市贫困人口密度、新城市贫困发生率)、新城市贫困人口的社会属性和统计学特征等进行衡量。

4. 城市空间

从系统综合的角度来说，城市作为一个社会—经济—生态的复合系统，存在着复杂的社会结构、经济结构和生态结构[184]。城市空间是由人群、交通通讯、各类综合生态关系和土地使用所组成的协同系统，反映了城市系统中各种各样的相互关系和物质构成，并使各系统在一定地域范围内得到了统一[185]。它是指满足城市主体(即城市居民)基本生存和发展需要的各种物质和社会条件[186]。

本书所指的城市空间是狭义的城市空间，就是城市物质实体地域空间，即城市中生产、生活、休闲娱乐空间等，这些实体组成的空间，是城市居民生活的"舞台"。它可存在于建筑间，可以是一条街道，或是城市中心区，乃至整个城市，或是领域更大的城市空间[144]。为了研究方便，本书从城市空间发展的角度进行考虑，从经济效益、社会效益、环境效益和空间效益等 4 个方面建立一套较为科学合理、可操作性强以及可量化的城市空间发展水平评价指标体系，采用城市空间综合效益代表城市空间发展水平，利用科学合理的方法进行评价并分析其发展演变，进而探讨与新城市贫困空间的耦合关系。

5. 新城市贫困空间与城市空间耦合

耦合是物理学上的概念，近年来，耦合一词被广泛应用于社会学、生态学、生物学、经济学、地理学研究，其含义一般是指两个或两个以上的体系或运动形式之间互动作用下的动态关联关系。耦合是指两个(或两个以上)系统或运动形式通过各种相互作用而彼此影响的现象[187]。

将物理学的概念引入到本研究中来，将新城市贫困空间与城市空间视为两个系统，有机联合起来进行研究。那么，新城市贫困空间与城市空间耦合是指新城市贫困空间与城市空间分别通过各自系统中元素相互作用，相互制约，相互影响，相互促进。

6. 新城市贫困空间与城市空间耦合系统

本书认为新城市贫困空间构成的主体主要是指不同特征属性的新城市贫困群体，基于前人研究成果，并咨询了相关专家，依据科学性、易获取性、可比性和可操作性等原则，综合考虑研究组问卷调查、实地深入走访以及相关普查、统计数据中所获取的 1990 年、2000 年和 2013 年西安市新城市贫困人口相关数据，利用 SPSS19.0 软件进行处理，进而得到西安市 53 个街道反映贫困水平的新城市贫困人口密度、新城市贫困发生率两个指标数据和性别构成、年龄构成、户籍构成、文化构成、在职构成、非在职构成以及住房构成等不同属性特征新城市贫困人口数量，为建立西安市新城市贫困空间与城市空间耦合数据库提供基础数据支撑。

本书提取了反映西安市新城市贫困空间结构的贫困水平、性别构成、年龄构成、户籍构成、文化构成、在职构成、非在职构成和住房构成情况等 28 个变量。本书所指城市空间是城市物质实体地域空间，提取反映了西安市城市空间发展的经济效益、社会效益、环境效益和空间效益等 14 个变量，这样由两个系统 42 个变量构成了西安市新城市贫困空间与城市空间耦合系统。

基于以上分析，本书构建了新城市贫困空间与城市空间耦合系统，探讨城市发展过程中新城市贫困空间与城市空间的耦合关系。这种耦合是新城市贫困空间与城市空间分别通过各自系统中元素在地域空间上随着时间推移不断相互作用，相互制约，相互影响，相互促进的过程，从而促进二者耦合水平不断提高，将二者耦合水平由低水平阶段向高水平阶段不断推进，实现合理有序、均衡发展。

3.1.2　新城市贫困空间与城市空间耦合的内涵阐释

无论是新城市贫困空间系统还是城市空间系统都是由诸多要素构成，在不同发展阶段由于经济、社会、政策和体制等因素影响而处于不断变化状态，而且在整个发展过程中自始至终要与外界不断进行物质、信息和能量等各种"流"的交换。本书认为，新城市贫困空间与城市空间的耦合关系主要表现为城市空间发展对新城市贫困空间系统优化产生支持作用和新城市贫困空间系统优化对城市空间发展产生推动作用。

1．城市空间发展对新城市贫困空间系统优化产生支持作用

城市空间是新城市贫困空间发展的根本。新城市贫困空间系统优化永远也脱离不开其成长的城市空间环境，新城市贫困空间系统优化离不开城市空间的响应和支撑。因此，城市空间发展对新城市贫困空间系统优化产生支持作用。

随着城市空间发展水平不断提升，人流、物流、资本流、技术流、信息流等要素不断投入，促使通讯、交通、教育、市政等基础设施基础设施和社会服务设施不断完善，城市功能不断完善和提高，进而为新城市贫困空间提供各种服务，满足其教育、医疗、卫生、文化、娱乐和购物等需求。因此，城市空间将通过一系列经济活动对新城市贫困空间系统优化产生支持作用，为新城市贫困群体提供良好的生存发展环境，不断促进新城市贫困空间系统优化。

2．新城市贫困空间系统优化对城市空间发展产生推动作用

空间生产的实质就在于通过对物质资料的空间重置和重构创造出更加符合人需要的空间产品[188]。城市空间发展的核心是人，城市空间发展的目的在于提高全体居民的生活水平，并都能够得到更好的发展。新城市贫困空间对城市空间发展产生严重障碍，二者之间本质上是"人—新城市贫困群体"与"城"的关系，城市空间发展应该是促进不同社会群体的全面发展，新城市贫困群体当

然不能例外。通过对新城市贫困空间系统不断优化，逐渐缩小贫富差距，减少城市发展过程中的障碍，创造稳定的社会环境，有利于营造一个友好的城市发展环境，促进城市空间可持续发展。因此，新城市贫困空间系统优化对城市空间发展产生推动作用。

3.2 相关基础理论

3.2.1 社会排斥理论

社会排斥不仅包括经济上处于贫困状态以及物质资源严重匮乏，还包括弱势群体被排挤无法融入主流社会而逐渐被边缘化的过程。由此可见，社会排斥主要是指社会弱势群体收入、能力、资源、权利的不足而在劳动力市场、社会服务和社会关系三个方面被主流社会群体所排斥，而日趋成为边缘群体[189]。社会排斥程度越大，弱势群体就越不容易摆脱贫困，贫困的持续时间可能就越长，贫困群体在空间上聚集可能性就会越大，而这种贫困群体逐渐被边缘化和空间上的聚集会导致贫困程度的加深，最终形成一种恶性循环。

3.2.2 空间生产理论

列斐伏尔(Lefebvre，1974)提出空间生产理论。他认为空间承载着社会关系，不但要认识到空间具有物质属性，还要认识到它的社会属性及其与社会的互动关系[190]。列斐伏尔拓展了空间的内涵，认为空间是物质空间、精神空间和感知空间的三元融合，具有社会性、历史性和生产性[86]。后来哈维在考查空间的内涵时，提出了绝对空间、相对空间和关系空间，与列斐伏尔的三元空间组交错构成了空间概念模型[191](表 3-3)。

表 3-3　空间概念模型

类型	物质空间 (经验空间)	空间的表征 (概念空间)	表征的空间 (生活空间)
绝对空间	墙、桥、门、楼梯、楼板、天花板、街道、建筑物、城市、水域、实质边界与障碍、门禁、社区等。	开放空间、区位、位置和位置性的隐喻；行政地图；地景描述。	围绕着壁炉的满足感；安全感或封禁感；拥有、指挥和支配空间的权力。
相对空间	能量、水、空间、商品、人员、资讯、货币、资本的循环与流动、加速与距离摩擦的衰减。	主题与地形图；情境知识、运动、移位、加速、时空压缩和延展的隐喻。	进入未知之境的惊骇；交通堵塞的挫折；时空压缩、速度、运动的紧张或快乐。
关系空间	电磁能量流动与场域、社会关系、污染集中区、能源潜能、气味和感觉。	超现实主义、存在主义、网络空间、力量与权力内化的隐喻。	视域、幻想、欲望、挫败、梦想、记忆、幻象、心理状态。

(资料来源：Harvey D. Spaces of Global Capitalism[M]. London：Verso，2006. 转引自黄晓军[91]、余瑞林[192].)

3.2.3　资本循环理论

哈维(Harvey) 于 1973 年发表的《社会公正与城市》(Social Justice and the City) 一书中提出了资本三级循环理论，资本第一循环生产了流通空间，交换与消费空间。资本第二循环导致城市建成环境的产生。表现为居住空间、各项基础设施与社会事业的发展。第三循环是向社会性花费如教育、卫生、福利等方面的投入。

资本在追逐利润的同时对城市和地区发展产生巨大影响，导致城市内部的空间资源分配不平等，如高档住宅区的聚集和贫富社区的空间隔离等问题[193]。

3.2.4 古典城市空间分异模型

美国社会学家伯吉斯 1923 年提出同心圆模型(图 3-1)，该模型认为城市内部不同功能用地围绕着单一中心，不断向外扩展形成了有规则的同心圆结构模式[15]。美国的土地经济学家霍伊特 1939 年提出扇形模型(图 3-1)，该模型认为城市的发展总是沿主要交通干线或阻力较小的路线不断向外呈扇形延伸[16]。美国地理学家哈里斯和乌尔曼 1945 年提出多核心模型(图 3-1)，该模型认为由于诸多因素影响，城市内部往往会形成多个中心，城市是由若干不连续的社区所组成，它们分别围绕不同的中心而不断发展[17]。

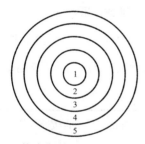
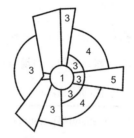
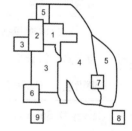

伯吉斯的同心圆模式	霍伊特的扇形模式	哈里斯-乌尔曼的多核心模式	
1 中心商业区	1 中心商业区	1 中心商业区	2 批发与轻工业带
2 过渡地带	2 轻工业和批发业区	3 低收入住宅区	4 中等收入住宅区
3 工人阶级住宅区	3 低收入住宅区	5 高收入住宅区	6 重工业区
4 中产阶级住宅区	4 中等收入住宅区	7 卫星商业区	8 近郊住宅区
5 高级或通勤人士住宅区	5 高收入住宅区	9 远郊住宅区	

图 3-1 三大经典城市空间模型

(资料来源：顾朝林，甄峰，张京祥.集聚与扩散—城市空间结构新论[M].南京:东南大学出版社，2000.)

3.2.5　传统城市空间分异与社会区的理论

　　城市居住区空间分异和社会区分析研究是城市社会空间结构研究的基础部分，对于城市居住空间分异的研究，社会区分析最为典型。该理论主要是对社会区演变的诸多影响因素进行分析，筛选出社会经济地位、家庭类型和民族(种族)状况三个主要因素，并选取相应的指标进行表示，以国情统计区为单位计算得分并判断各区的特征，分析表明经济状况呈扇形，家庭状况呈同心圆，而民族(种族)状况呈分散块状的空间作用特征[194](图 3-2)。

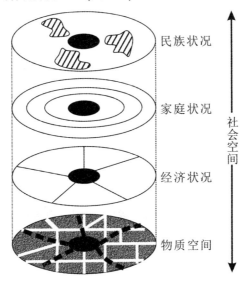

图 3-2　城市社会空间分异解释模型

(资料来源：刘玉亭.转型期中国城市贫困的社会空间[M].北京：科学出版社，2005.)

3.2.6　现代西方国家城市空间分异理论

　　自 20 世纪 70 年代中期以来,从福特主义向后福特主义社会经济转变的背景下，西方国家城市呈现新的空间特征。其中，城市居住区类型表现出多样化、多区块的趋势，城市社区的不同景观组成了空间上的社会区"马赛克"式的镶嵌图。

Marcuse(1996) 对城市居住空间分异分析表明，随着城市经济的不断发展，受众多因素影响城市空间也在逐渐产生分异，并阐明了贫困化的过程与多元分化的城市空间结构之间的作用关系[195](图3-3)。

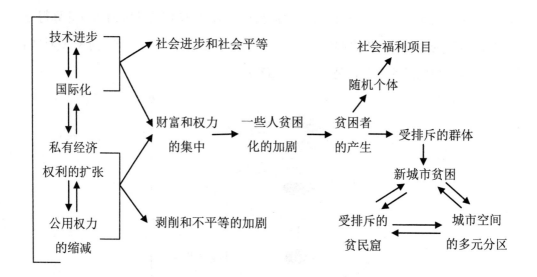

图3-3 贫困化过程与城市社会空间模型

3.3 本章小结

新城市贫困空间与城市空间耦合是指新城市贫困空间与城市空间分别通过各自系统中元素，相互作用，相互制约，相互影响，相互促进。受到经济、社会、政策和体制等因素影响，新城市贫困空间与城市空间耦合状态呈现时序差异性和明显的地域分异特征。

　　本书认为，新城市贫困空间与城市空间的相互作用关系主要表现为城市空间发展对新城市贫困空间系统优化产生支持作用和新城市贫困空间系统优化对城市空间发展产生推动作用。

第4章 西安市新城市贫困空间与城市空间发展水平演变

从城市空间宏观层面来看，新城市贫困空间与城市空间发展均具有各自的特征，为科学判断新城市贫困空间与城市空间耦合特征，以揭示新城市贫困空间与城市空间耦合的地域分异规律，首先需要对新城市贫困空间与城市空间发展水平的时空演变特征进行分析。

4.1 西安市新城市贫困空间演变

4.1.1 研究方法

1. 文献资料法和实地调查法

第一，通过《西安统计年鉴》(1991、2001) 经过计算获取西安市 1990 年、2000 年西安市最低收入户平均每人月可支配收入以及平均每人月实际支出等数据。通过《西安统计年鉴》(1991、2001、2013) 获取西安市 1990 年、2000 年和 2012 年城镇居民家庭平均每人月可支配收入和平均每人月实际支出等数据。通过中华人民共和国民政部、西安市民政局、西安市城6区民政局等官方网站、西安市、区国民经济和社会发展统计公报以及相关公开资料中获取1998～2013年西安市及其城6区城市最低保障标准线和低保人数。

第二，通过西安市统计局、西安市城6区统计局和西安市民政局、西安市城6区民政局深入调研及实地深入走访调研获取市、区、街道相关经济普查数据、社会保障和民政救济数据。

2．问卷调查法与深入访谈法

研究组采用现场问卷调查与实地深入访谈相结合的方法，在2013年9～12月对西安市城6区53个街道展开调查。调查问卷共设计被调查居民基本信息、居住状况、收支状况等3大类。调查方式采用等级发放方法，具体发放方法如下：根据西安市城6区53个街道目前人口数量，按照各街道现有人口数目，将问卷发放数目等级发为30、60、90份，在各街道等距选点后随机发放调查问卷。研究组共发放调查问卷3 210份，问卷全部回收，回收率为100%，其中有效问卷2 921份，问卷有效率达到91.00%[78]。另外，研究组在调查问卷发放的同时通过与年龄较大居民(60岁左右的老西安人)进行深入访谈，获得了许多调查问卷未涉及的新城市贫困和城市空间发展相关信息。

4.1.2　西安市新城市贫困人口构成

本书基于研究组2013年9～12月在西安市城6区发放的调查问卷及访谈数据，文中采用恩格尔系数法和收入比例法确定西安市贫困线[196]，具体方法如下：筛选出调查问卷中恩格尔系数大于0.5的所有居民，即为绝对贫困人口，考虑到西安市发展实际将人均收入低于城镇居民平均收入1/3的人口视为相对贫困人口。筛选出这两部分人口，按照恩格尔系数计算出食品支出，即为贫困线[78]。并利用1990年、2000年西安市最低收入户平均每人月可支配收入，西安市1990年、2000年和2012年城镇居民家庭平均每人月可支配收入，1998～2013年西安市及其城6

区城市最低保障标准线、低保人数和市、区、街道相关经济普查数据、社会保障和民政救济数据等相关标准和数据进行修正,最终确定西安市贫困线为 1990 年贫困线为人均 76 元/月,2000 年贫困线为人均 560 元/月,2013 年贫困线为人均 1320 元/月[78]。

通过问卷调查、实地走访以及相关普查、统计数据分析发现西安市新城市贫困人口主要由以下几部分构成:

(1) 在职低收入人员。这部分人群有正式的工作,大多从事商品销售、商业服务、建筑和运输等低端行业;

(2) 下岗和失业人员。这部分人群大多年龄较大、学历普遍较低、专业技能水平不高,从而导致就业竞争力低、再就业难;

(3) 退休人员和无业人员。主要包括两部分人群:一是退休人员,在所有退休人员受访者中,43%的调查对象认为退休工资足以支付日常生活开销,但是在遇到伤残、生病或其他意外状况时,就会陷入贫困状态。另外,约有 37%的受访者认为前些年的退休工资虽然很低但是可以维持生活,近年来,退休工资上涨的幅度远远低于物价上涨的幅度,退休工资无法维持正常生活开销从而陷入贫困状态;二是临时工,有一定的劳动能力,但由于职业不固定,经常处于无业状态,收入非常不稳定。

(4) 外来流动人口中的贫困人员。外来流动人员中的贫困人口主要包括两部分人群:一是农民工,主要从事建筑业、住宿餐饮和低端服务业等行业,还有一些靠打短工为生但经常失业,经济收入较少,生活水平低;二是被称为"蚁族"的高校毕业生,这部分人口与其他类型贫困人口相比最明显的特征是具有高学历,由于工资较低但是在城市中的各项花费较高而处于相对贫困状态[78]。

4.1.3　西安市新城市贫困人口及新城市贫困程度的时序变化

将以上贫困线和西安市 1990 年西安市最低收入户平均每人月实际支出、2000

年和 2013 年西安市及其城 6 区城市最低生活保障支出水平进行对比,结合问卷调查数据和实地走访调查数据并利用市、区、街道相关经济普查数据、社会保障和民政救济数据等相关标准和数据修正后推算得到 1990 年、2000 年和 2013 年西安市城 6 区各街道新城市贫困人口。本书利用新城市贫困发生率来衡量新城市贫困程度,新城市贫困发生率指街道贫困人口占街道总人口的比例,其计算公式为:

$$H=Q/N \tag{4-1}$$

其中,H 是新城市贫困发生率,Q 是街道新城市贫困人口数,N 是街道人口总数,$0 \leqslant H \leqslant 1$,$H$ 的值越大,表明该街道贫困程度越重,反之则越轻[196]。基于以上推算得到的西安市 53 个街道新城市贫困人口,利用公式(4-1) 进一步处理分析后得到西安市 1990 年、2000 年和 2013 年西安市 53 个街道新城市贫困发生率。

表 4-1　西安市新城市贫困人口变化

年份	总人口/人	贫困人口/人	增量	增长率	贫困发生率
1990	2 400 444	445 753	——	——	18.57%
2000	3 402 663	827 782	382 029	6.39%	24.33%
2013	4 483 426	597 807	-229 975	-2.47%	13.33%

[资料来源:暴向平, 薛东前, 马蓓蓓, 等.1990-2013 年西安市新城市贫困人口格局演变[J].陕西师范大学学报(自然科学版) , 2015, 43(1): 98-102.]

从表 4-1 可知,1990～2013 年,新城市贫困人口略有增加,增量为 152 054 人,年均增长率为 2.28%;总体可以分为两个阶段:1990～2000 年,急速上升阶段,新城市贫困总人口由 445 753 上升到 827 782,10 年间增长了 382 029 人,年均增长率为 6.39%,新城市贫困发生率由 18.57%上升到 24.33%。20 世纪 90 年代开始,进入"双转变"时期,在诸多因素综合作用下,大量下岗、失业、在职低收入人员以及户籍管理制度松动后外来流动人口进城而产生的贫困人口迅速增加;2000～2013 年,急速下降阶段,新城市贫困总人口从 827 782 人减少到 597 807 人,13 年间减少 229 975 人,年均增长率为-2.47%,新城市贫困发生率由 24.33%

下降到 13.33%，2000～2013 年，西安市进入经济快速发展阶段，新城市贫困人口数量下降速度较快。从总体来看，1990～2013 年西安市新城市贫困人口总量呈现一定的上升态势，但新城市贫困发生率由 18.57%下降到 13.33%[196]。

4.1.4 1990 年以来西安市新城市贫困程度空间演变

1. 新城市贫困程度总体特征演变

本书利用 ArcGIS9.3 软件进行地理统计分析后将 3 个时间断面新城市贫困发生率分成 5 类并在地图上呈现(图 4-1、图 4-2 和图 4-3) 。

从图 4-1 可知，1990 年新城市贫困程度在城区东北和西南较高，基本上呈现沿圈层向外呈放射性分布态势，圈层中间部分区域有嵌套分布。从图 4-2 可知，2000 年新城市贫困程度总体呈现相对破碎状态；从图 4-3 可知，2013 年新城市贫困程度由内城向远郊呈现逐渐增长趋势，圈层中间部分区域有相对集中分布。

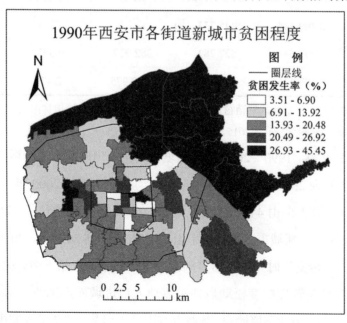

图 4-1 1990 年西安市新城市贫困程度空间分布

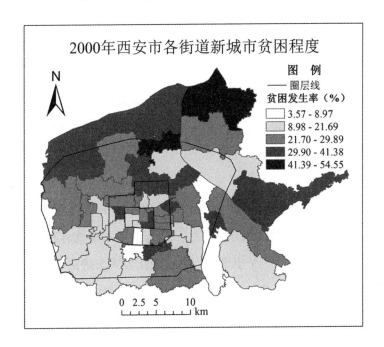

图 4-2 2000 年西安市新城市贫困程度空间分布

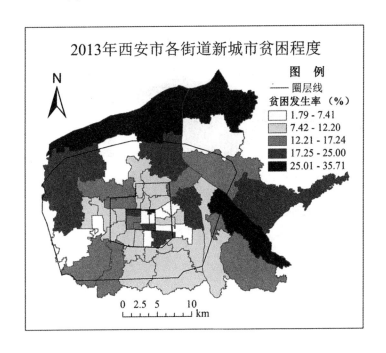

图 4-3 2013 年西安市新城市贫困程度空间分布

2. 新城市贫困程度发展阶段水平空间演变

威尔森(Julius William Wilson，1987) 在对芝加哥的研究中界定贫困发生率在30%或以上的为贫困社区[44]。还有一些研究将贫困发生率在 40%或以上的界定为绝对贫困地区[197-198]。在前人研究基础上，本书结合抽样调查和实地调查并综合考虑西安市发展实际,咨询 15 位相关专家后将新城市贫困发生率低于 10%的街道定义为非贫困区。其余街道利用 ArcGIS9.3 软件中的自然断点分级法(natural break，是 Jenks 提出的一种地图分级算法，认为数据本身就有断点，可利用数据这一特点分级。算法原理是一个小聚类，是用统计公式来确定属性值的自然聚类，聚类结束条件是组间方差最大、组内方差最小) 将 3 个时间断面西安市新城市贫困类型区划分为轻度贫困区、中度贫困区和重度贫困区并在地图上呈现(图 4-4、图 4-5 和图 4-6) 。

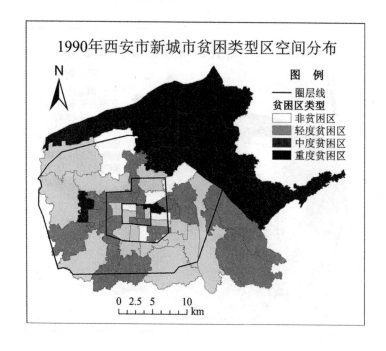

图 4-4　1990 年西安市新城市贫困类型区空间分布

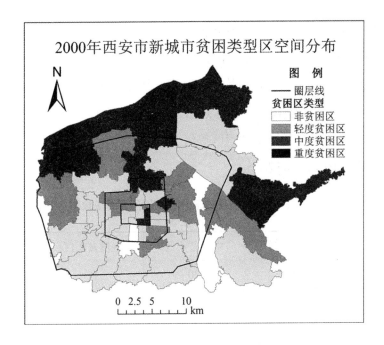

图 4-5　2000 年西安市新城市贫困类型区空间分布

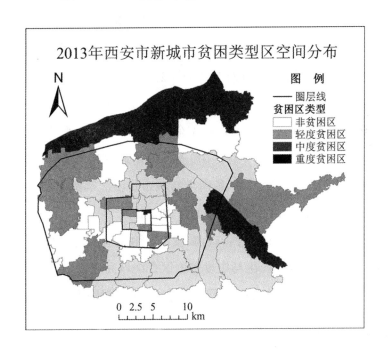

图 4-6　2013 年西安市新城市贫困类型区空间分布

　　从图 4-4 和表 4-2 可知，1990 年西安市 53 个街道中，非贫困区只有 6 个，分别是汉城路、青年路、长乐坊、辛家庙、太华路和文艺路等街道；17 个轻度贫困的街道和 20 个中度贫困的街道均集中分布在绕城高速以内，二者呈现嵌套分布状态。重度贫困的街道有 10 个，除了解放门、枣园两个街道外，其他多分布在远郊区。从 1990 年各街道新城市贫困区等级类型的数量上看(表 4-2)，各类型区由重到轻的数量为 10∶20∶17∶6。

表 4-2　西安市新城市贫困类型区所含街道数量

年份	重度贫困区	中度贫困区	轻度贫困区	非贫困区
1990 年	10	20	17	6
2000 年	10	15	25	3
2013 年	4	12	20	17

　　从图 4-5 和表 4-2 可知，2000 年非贫困的街道只有 3 个；25 个轻度贫困的街道和 15 个中度贫困的街道大多集中分布在绕城高速以内；重度贫困的街道有 10 个，主要分布于城北地区。从 2000 年各街道新城市贫困区等级类型的数量上看(表 4-2)，各类型区由重到轻的数量为 10∶15∶25∶3。

　　从图 4-6 和表 4-2 可知，2013 年非贫困的街道增加到 17 个，重度贫困的街道减少到 4 个，1 个位于内城区，其余 3 个均分布于绕城高速以外的城北和城东地区，20 个轻度贫困的街道和 12 个中度贫困的街道大部分集中分布在绕城高速以内，范围有所扩大。从 2013 年各街道新城市贫困区等级类型的数量上看(表 4-2)，各类型区由重到轻的数量为 4∶12∶20∶17。

　　从总体来看，1990～2013 年西安市新城市贫困类型区呈现"放射性嵌套"分布格局，非贫困区、轻度贫困区与中度贫困区在绕城高速以内嵌套分布，重度贫困区大多分布在绕城高速以外的远郊区；沿圈层向外贫困程度有所加重。

3. 新城市贫困程度重心演变

　　(1) 模型与方法。重心模型是研究某一区域地理要素变动的重要分析工具，本书将重心模型引入到对新城市贫困程度变化特征的探索中。通过该方法揭示新城市贫困程度的空间位移规律。基本模型如下：

$$x_1 = \sum_{i=1}^{n} \frac{x_i}{n} \quad , \quad y_1 = \sum_{i=1}^{n} \frac{y_i}{n} \tag{4-2}$$

$$x_2 = \sum_{i=1}^{n} \frac{w_i x_i}{n} \quad , \quad y_2 = \sum_{i=1}^{n} \frac{w_i y_i}{n} \tag{4-3}$$

其中，n 是区域个数，x_i, y_i 是西安市第 i 街道坐标，w_i 是第 i 街道新城市贫困程度/平均值，(x_1, y_1) 是平均中心坐标，(x_2, y_2) 是加权后的重心坐标。当某一空间现象的空间均值显著区别于平均中心[199]，就表示这一空间现象不均衡分布[200]。

假设第 t，$t+k$ 年新城市贫困程度的重心坐标分别为 $P_t(x_t, y_t)$ 、$P_{t+k}(x_{t+k}, y_{t+k})$，那么新城市贫困程度重心从 t 年到 $t+k$ 年移动距离模型如下：

$$d_m = \sqrt{(x_{t+k} - x_t)^2 + (y_{t+k} - y_t)^2} \tag{4-4}$$

(2) 结果分析。利用公式(4-2) 和公式(4-3) 计算得到平均中心和 3 个时间断面的新城市贫困程度重心(图 4-7) 。

通过图 4-7 可知，平均中心位于解放门，1990 年、2000 年和 2013 年新城市贫困程度重心均位于太华路，可见 3 个时间断面新城市贫困程度重心与平均中心并不一致，同样也表明新城市贫困程度空间分布呈现不均衡状态。1990～2000 年西安市新城市贫困程度重心稍偏西南迁移，2000～2013 年西安市新城市贫困程度重心稍偏东南迁移。

利用公式(4-4) 计算得到 1990～2013 年西安市新城市贫困程度重心的移动距离，从表 4-3 和图 4-7 可知，1990～2000 年，西安市新城市贫困程度重心向西南方向移动了 0.785km，移动速度为 78.5m/a，结合图 4-4 和图 4-5 可知，在此期间新筑、谭家、灞桥等城北和城东地区的街道新城市贫困程度有所下降，而位于城西和城南地区的三桥、鱼化寨、丈八沟、西关等街道新城市贫困程度上升较快；2000～2013 西安市新城市贫困程度重心向东南方向移动了 0.417km，移动速度为 32.1m/a，结合图 4-5 和图 4-6 可知，在此期间西安市个街道新城市贫困程度均呈大幅下降趋势，但城北和城西地区的街道新城市贫困程度下降速率相对较快。

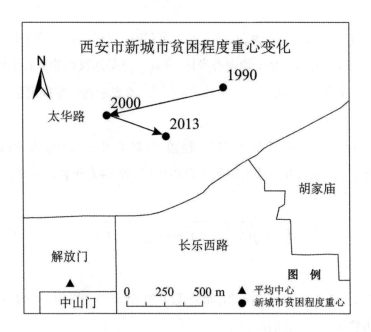

图 4-7　西安市新城市贫困程度重心变化

表 4-3　西安市新城市贫困程度重心移动

时期	距离(km)	速度(m/a)	方向
1990～2000	0.785	78.5	西南
2000～2013	0.417	32.1	东南

4.1.5 1990年以来西安市新城市贫困人口空间演变

1. 西安市新城市贫困人口总体分布特征演变

为了直观地揭示西安市新城市贫困人口空间分布的整体规律，本书利用 ArcGIS9.3 软件对西安市新城市贫困人口分布进行了趋势分析(图 4-8、图 4-9 和图 4-10)。图 4-8、图 4-9 和图 4-10 中每根竖棒和采样点代表街道新城市贫困人口及其空间位置。在表示东西向的 x,z 平面和表示南北向的 y,z 平面上将 53 个街道新城市贫困人口作为散点进行投影，在 x,z 向和 y,z 向上所有投影点各形成一条最佳趋势模拟曲线[83]。从图 4-8 可知，1990 年西安市新城市贫困人口分布从东到西呈现东高西低趋势，从南到北呈现中间低两边高趋势；从图 4-9 可知，2000 年西安市新城市贫困人口分布从东到西呈现中间低两边高的趋势，从南到北呈现南高北低趋势；从图 4-10 可知，2013 年西安市新城市贫困人口分布从东到西和从南到北均呈现中间低两边高趋势，两个维度上基本都呈现"U"型分布。由此可知，1990～2013 年西安市新城市贫困人口空间格局有明显分异，空间上呈现不均衡分布状态。

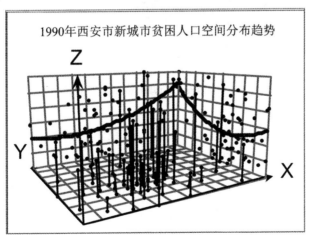

图 4-8 1990 年西安市新城市贫困人口空间分布趋势

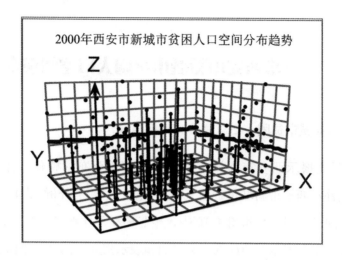

图 4-9　2000 年西安市新城市贫困人口空间分布趋势

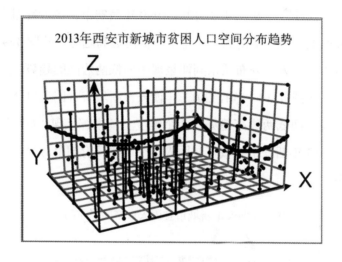

图 4-10　2013 年西安市新城市贫困人口空间分布趋势

为了更加清晰判断西安市新城市贫困人口整体分布特征演变，根据划分的 4 个圈层，然后利用 ArcGIS9.3 软件进行地理统计分析后将 1990 年、2000 年和 2013 年新城市贫困人口分成 5 类并在地图上呈现(图 4-11、图 4-12 和图 4-13)。通过图 4-11 可知，1990 年西安市新城市贫困人口在城区东北和西南相对集中，总体呈现相对破碎状态；从图 4-12 可知，2000 年西安市新城市贫困人口在城区东北和西南相对集中，内城区和主城区外围比较集中，但总体呈现相对破碎状态；从

图 4-13 可知，2013 年西安市新城市贫困人口由内城向远郊呈现逐渐增长趋势，基本沿圈层向外呈放射性分布。

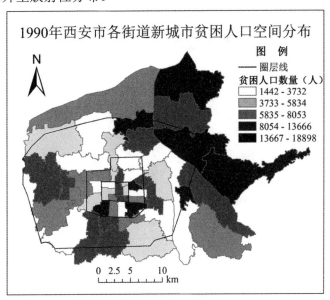

图 4-11　1990 年西安市新城市贫困人口空间分布

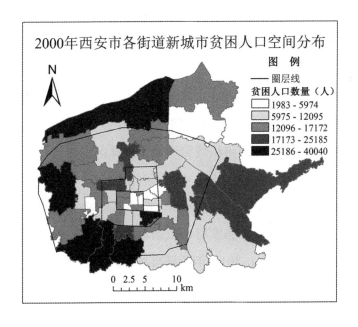

图 4-12　2000 年西安市新城市贫困人口空间分布

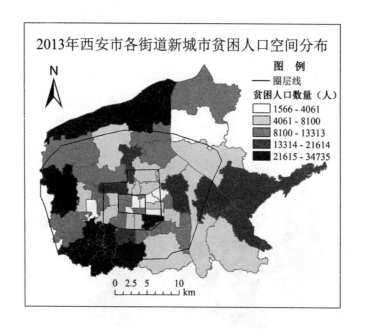

图 4-13　2013 年西安市新城市贫困人口空间分布

2. 西安市新城市贫困人口密度空间演变

基于以上数据进一步计算得出西安市 53 个街道的新城市贫困人口密度,再利用 ArcGIS9.3 软件进行地理统计分析并在地图上呈现(图 4-14、图 4-15 和图 4-16) 。

从图 4-14 可知, 1990 年西安市新城市贫困人口密度较高的街道包括新城区的自强路、解放门、西一路、长乐西路、长乐中路、中山门、胡家庙等街道、莲湖区的北关街道、灞桥区的纺织城街道以及碑林区的南院门、柏树林、张家村、东关南街、太乙路等街道;从图 4-15 可知, 2000 年新城市贫困人口密度较高的街道包括新城区的中山门、胡家庙、长乐中路等街道、碑林区的柏树林、东关南街、太乙路、文艺路、张家村、长乐坊等街道以及莲湖区的青年路、北关等街道。从图 4-16 可知, 2013 年新城市贫困人口密度较高的街道包括新城区的解放门街道、莲湖区的青年路、北关街道及碑林区的柏树林街道和太乙路街道。

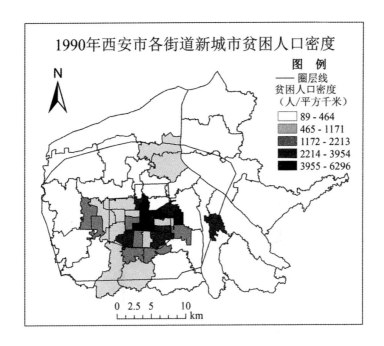

图 4-14　1990 年西安市各街道新城市贫困人口密度空间分布

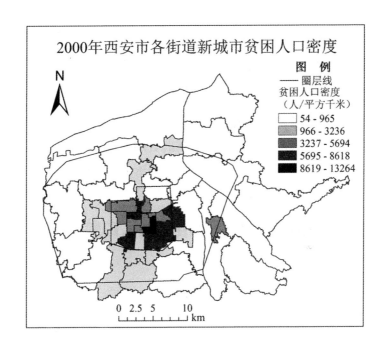

图 4-15　2000 年西安市各街道新城市贫困人口密度分布

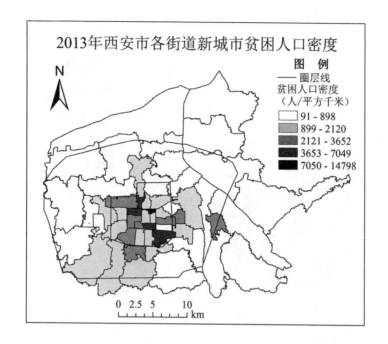

图 4-16　2013 年西安市各街道新城市贫困人口密度分布

通过以上分析发现新城市贫困人口密度较高的街道主要分布在内城衰落区和城市边缘地带，早期为工业发展规划区，中央、省、市属大中型工业企业纷纷布点建设，大量国有企业、机关单位驻扎，吸引大量人口进驻，但 20 世纪 90 年代以来，许多国有企业被迫进行改制，从而产生了大规模的下岗工人和失业人员，再就业非常困难，长期深陷贫困，这些区域的贫困人口以本地居民为主。由此可见，新城市贫困人口相对集中分布于旧城区和城市边缘地带的街道。

4.1.6　1990 年以来西安市新城市贫困人口特征演变

1. 性别构成变化

1990 年西安市新城市贫困人口性别比例相对比较均衡，男性贫困人口占贫困总人口的比例为 52.34%，稍多于女性贫困人口。2000 年西安市新城市贫困人口中男性贫困人口和女性贫困人口基本相差不大，女性贫困人口占贫困总人口的51.3%。2013 年西安市新城市贫困人口中男女贫困人口各占 50%。

从图 4-17 可知，1990 年内城区的多数街道都是女性贫困人口多于男性贫困人口；主城区多数街道均以男性贫困人口占多数；近郊区，男女贫困人口呈东西向对称分布，东部地区街道以女性贫困人口为主体，西部地区街道以男性贫困人口为主体；远郊区，多数街道是男性贫困人口多于女性贫困人口。从街道的贫困状况来看，贫困程度越轻的街道，女性贫困人口所占的比例越小，随着贫困程度的加重，女性贫困人口所占比例有所增大。

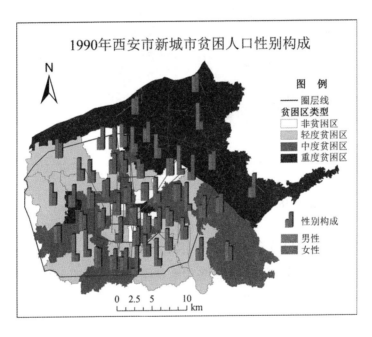

图 4-17　1990 年西安市新城市贫困人口性别构成

从图 4-18 可知，2000 年内城区和主城区女性贫困人口明显多于男性贫困人口。在近郊区，北部地区街道男女贫困人口大致呈均衡分布。西南部地区街道明显是女性贫困人口多于男性贫困人口，东南部街道男性贫困人口成为贫困人口的主体；远郊区各街道女性贫困人口多于男性贫困人口。轻度贫困街道女性贫困人口多于男性贫困人口，男女比例是 1.23∶1；中度贫困街道男性贫困人口多于女性贫困人口，男女贫困人口比例为 1.02：1；重度贫困街道除草滩和六村堡以外，其他均为女性贫困人口多于男性贫困人口。

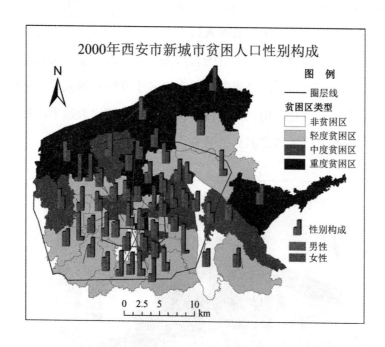

图 4-18 2000 年西安市新城市贫困人口性别构成

从图 4-19 可知，2013 年内城区和主城区的各街道中，女性贫困人口远远多于男性贫困人口；在近郊区，西南部各街道贫困人口组成明显是女性贫困人口多于男性贫困人口，东南部各街道贫困人口构成与西南部相反，男性贫困人口成为贫困人口的主体；远郊区各街道基本呈现男性贫困人口多于女性贫困人口的特征。轻度贫困街道女性贫困人口多于男性贫困人口，男女比例分别是 44.79%和55.21%；中度贫困街道男性贫困人口多于女性贫困人口，所占比例分别为50.44%和 49.56%；重度贫困街道除草滩以外均为女性贫困人口多于男性贫困人口。

2．年龄构成变化

1990 年西安市新城市贫困人口以 41～50 岁为主，其比例为 56.13%，其次是

51～65 岁，占 29.74%。2000 年西安市新城市贫困人口以 31～40 岁为主，其比例为 37.55%，其次是 51～65 岁和 41～50 岁，分别占 22.74%和 22.45%。2013 年西安市新城市贫困人口以 51～65 岁为主，其比例为 28.18%，其次是 18～30 岁，占 26.43%。

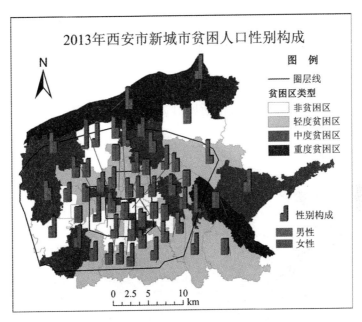

图 4-19　2013 年西安市新城市贫困人口性别构成

从图 4-20 可知，1990 年由内城区向远郊新城市贫困人口中 41～50 岁所占比例越来越高。轻度贫困街道 41～50 岁贫困人口的比例最大(54.49%)，其次为 51～65 岁贫困人口(34.30%)，18～30 岁贫困人口的比例最低；中度贫困街道 41～50 岁贫困人口的比例最大(60.17%)，其次为 51～65 岁贫困人口(25.19%)，18～30 岁贫困人口的比例最低；重度贫困街道 41～50 岁贫困人口的比例最大(50.56%)，其次为 51～65 岁贫困人口(33.63%)，18～30 岁贫困人口的比例最低。

从图 4-21 可知，2000 年内城区、主城区和近郊区新城市贫困人口中 31～40 岁所占比例较大，远郊区的北部地区和东部地区新城市贫困人口中 31～40 岁所占比例有所下降，年龄更趋复杂化。轻度贫困街道 31～40 岁贫困人口的比例最大

(41.08%)，其次为41～50岁贫困人口(21.68%)和51～65岁贫困人口(21.59%)，18～30岁贫困人口的比例最低(6.37%)；中度贫困街道31～40岁贫困人口的比例最大(37.93%)，其次为51～65岁贫困人口(25.11%)和41～50岁贫困人口(21.74%)，18～30岁贫困人口的比例最低(5.14%)；重度贫困街道31～40岁贫困人口的比例最大(28.17%)，其次为41～50岁贫困人口(25.45%)和51～65岁贫困人口(22.07%)，18～30岁贫困人口的比例最低(10.65%)。

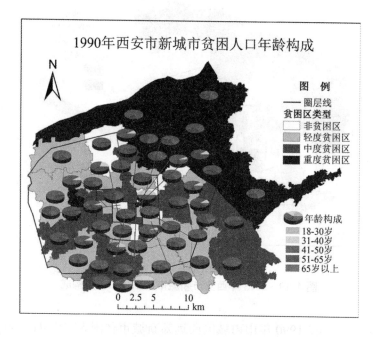

图4-20 1990年西安市新城市贫困人口年龄构成

从图4-22可知，2013年内城区和主城区新城市贫困人口以18～30岁和31～40岁为主体，近郊区和远郊区新城市贫困人口中51～65岁所占比例较大。轻度贫困街道18～30岁贫困人口的比例最大(32.22%)，其次为51～65岁贫困人口(24.38%)，65岁以上贫困人口的比例最低(12.80%)；中度贫困街道51～65岁贫困人口的比例最大(34.39%)，其次为18～30岁贫困人口(17.44%)，31～40岁贫困人口的比例最低(13.31%)；重度贫困街道51～65岁贫困人口的比例最大(32.06%)，其次为31～40岁贫困人口(23.23%)，65岁以上贫困人口的比例最低

(11.80%)。

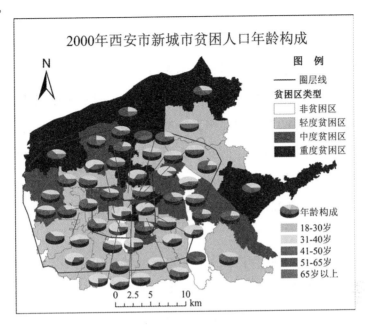

图 4-21　2000 年西安市新城市贫困人口年龄构成

图 4-22　2013 年西安市新城市贫困人口年龄构成

3. 户籍构成变化

1990 年西安市新城市贫困人口中本地户籍贫困人口占主体，比例达到贫困总人口的 65.63%。2000 年西安市新城市贫困人口仍是本地户籍贫困人口占据主体地位，本地户籍贫困人口和异地户籍的贫困人口所占比例分别为 62.78%、37.22%，与 1990 年(65.63%、34.37%) 对比来看，本地户籍贫困人口比例减小，异地户籍贫困人口比例有所增加。2013 年西安市新城市贫困人口中本地户籍贫困人口和异地户籍贫困人口所占比例分别为 54.8%、45.2%。相对于 1990 年(65.66%、34.34%)和 2000 年(62.78%和 37.22%) ，本地户籍贫困人口比例减少，异地户籍贫困人口比例有所增加。

从图 4-23 可知，1990 年内城区和主城区新城市贫困人口中本地户籍贫困人口明显多于异地户籍贫困人口；近郊区街道异地户籍贫困人口所占比例有明显增加；远郊区街道除了狄寨和席王，剩余街道仍然是本地户籍贫困人口明显多于异地户籍贫困人口。轻度贫困的 17 个街道中有 12 个街道以本地户籍贫困人口为主；中度贫困的 20 个街道中只有 4 个街道以异地户籍贫困人口为主，分别是狄寨、席王、土门和三桥；重度贫困的 10 街道均以本地户籍贫困人口为主。

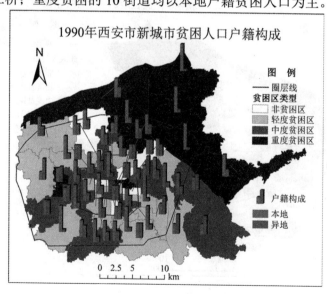

图 4-23　1990 年西安市新城市贫困人口户籍构成

从图 4-24 可知，2000 年内城区和主城区各街道的本地户籍与异地户籍贫困
人口比例分别为 68.66% 和 31.34%；近郊区各街道异地户籍贫困人口所占比例明
显有所增加；远郊区异地户籍贫困人口比例有所下降。轻度贫困的 25 个街道中
有 20 个街道以本地户籍贫困人口为主；中度贫困的 15 个街道中只有三桥、辛
家庙街道以异地户籍贫困人口为主；重度贫困的 10 个街道均以本地户籍贫困人
口为主。

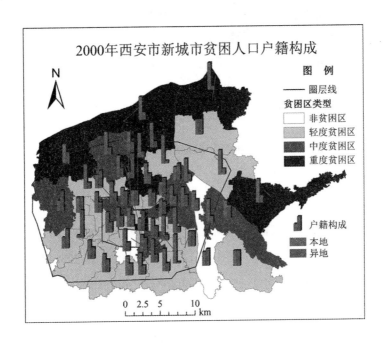

图 4-24　2000 年西安市新城市贫困人口户籍构成

从图 4-25 可知，2013 年内城区和主城区新城市贫困人口以本地户籍贫困人
口为主；近郊区各街道异地户籍贫困人口的比例明显高于内城区和主城区各街道，
异地户籍贫困人口和本地户籍贫困人口比例为 1.23∶1；远郊区异地户籍贫困人口
比例稍有下降。轻度贫困的 20 个街道中有 15 个街道以本地户籍贫困人口为主；
中度贫困的 12 个街道中只有三桥以异地户籍贫困人口为主；重度贫困的 4 个街道
均以本地户籍贫困人口为主。

图 4-25　2013 年西安市新城市贫困人口户籍构成

4．文化构成变化

1990 年西安市新城市贫困人口文化水平以初中学历为主，比例为 40.48%；其次是高中学历和小学及以下学历贫困人口，比例分别为 26.32% 和 24.19%；大专及以上学历贫困人口比例最小，比例仅为 9.01%。2000 年西安市新城市贫困人口仍以初中学历为主，比例达到 36.13%，小学及以下学历贫困人口比例由 24.19% 下降到 20.09%；高中学历贫困人口比例为 26.06%，相对比较稳定，而大专及以上学历贫困人口比例由 9.01% 上升为 17.72%，说明西安市贫困人口文化水平普遍偏低。2013 年西安市新城市贫困人口仍以初中学历贫困人口为最多，比例为 34.23%，其次依次是高中学历、小学及以下学历和大专及以上学历，比例分别为 23.55%、22.15% 和 20.07%。由此说明西安市新城市贫困人口学历仍较低。与 2000 年相比，大专及以上学历贫困人口比例明显增加。

从图 4-26 可知，1990 年绕城高速以内的各个街道中，西部地区各街道贫困人口的文化水平高于东部地区，高中学历和大专及以上学历贫困人口比例较多；

城南地区的文化水平高于城北地区，大专及以上学历贫困人口比例较大。轻度贫困街道初中学历贫困人口比例为 22.52%，大专及以上学历贫困人口比例达到 12.34%。随着贫困程度的加重，初中学历贫困人口比例明显上升，大专及以上学历贫困人口比例显著下降。中度贫困街道大专及以上学历贫困人口比例为 9.31%；重度贫困街道大专及以上学历贫困人口比例较低，仅为 4.33%。

图 4-26　1990 年西安市新城市贫困人口文化构成

　　从图 4-27 可知，2000 年从内城向远郊，大专及以上学历贫困人口的比例逐渐降低，城南地区贫困人口的文化水平高于城北地区。轻度贫困街道大专以及上学历贫困人口比例为 26.28%；中度贫困街道大专及以上学历贫困人口比例为 15.32%；重度贫困街道大专及以上学历贫困人口比例较低，仅为 5.69%。

　　从图 4-28 可知，2013 年绕城高速以内，城区东南部街道贫困人口的文化水平比西北部地区贫困人口要高，邻近绕城高速的西北部街道贫困人口文化水平较低。轻度贫困街道大专及以上学历贫困人口比例为 32.28%；中度贫困街道大专及以上学历贫困人口比例为 16.42%；重度贫困街道大专及以上学历贫困人口比例相对较低，仅为 4.43%。

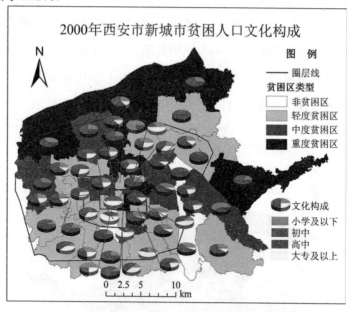

图 4-27　2000 年西安市新城市贫困人口文化构成

图 4-28　2013 年西安市新城市贫困人口文化构成

5．职业构成变化

1990 年西安市在职低收入贫困人口和非在职贫困人口占总贫困人口的比例分别为 58.34%和 41.66%，2000 年西安市在职低收入和非在职贫困人口占总贫困人口的比例分别为 62.48%和 37.52%。由此可见，1990 年和 2000 年西安市新城市贫困人口以在职低收入者为主体。2013 年西安市在职低收入和非在职贫困人口占总贫困人口的比例分别为 48.04%和 51.96%。由此可见，2013 年西安市新城市贫困人口以非在职人口为主体。

从在职低收入贫困人口情况来看，1990 年西安市新城市贫困人口多从事农业生产(21.35%)、建筑制造业(20.18%)和公共服务业(17.54%)，批发零售业与企事业单位比例相当，都处于较低的水平。2000 年在职低收入贫困人口主要以企事业单位(25.20%)和批发零售业(21.11%)贫困人口为主。2013 年以公共服务业(23.65%)、批发零售业(18.86%)和企事业单位(18.71%)贫困人口为主。

从非在职贫困人口情况来看，1990 年西安市新城市贫困人口多为无业人员(48.60%)和退休人员(22.35%)。2000 年以无业人员(52.87%)和退休人员(26.04%)为主。2013 年以无业人员(39.41%)和失业人员(28.31%)为主。

从图 4-29 可知，1990 年贫困街道中除曲江、东关南街、柏树林、中山门、韩森寨、草滩、十里铺、纺织城、六村堡、红旗、席王和解放门以外，其余 35 个街道均以在职低收入贫困人口为主。其中，新合以农业和批发零售业贫困人口为最多，北院门和环城西路以制造建筑业贫困人口为最多，南院门和长乐西路以企事业单位贫困人口为最多，北关以商务服务业贫困人口为最多，胡家庙以公共服务业贫困人口为最多。席王的贫困人口以无业人员为最多，红旗以退休人员为最多，六村堡以失业人员为最多，纺织城的下岗人员比例最高。轻度贫困街道以在职低收入贫困人口为主(52.04%)，其中公共服务业贫困人口比例最大，占 26.24%。中度贫困街道以在职低收入贫困人口为主(62.04%)，其中企事业单位贫困人口比例最大，占 23.38%。重度贫困街道以在职低收入贫困人口为主(59.09%)，其中公共服务业贫困人口比例最大，占 25.42%。

图 4-29   1990 年西安市新城市贫困人口职业构成

从图 4-30 可知，2000 年贫困街道中除文艺路、北关、解放门、自强路、纺织城、灞桥、三桥、谭家、六村堡和草滩以外，其余 40 个街道都是以在职低收入为主体。其中，新合以农业和批发零售业贫困人口为最多，长乐西路以制造建筑业贫困人口为最多，中山门和南院门以企事业单位贫困人口为最多，丈八沟以商务服务业贫困人口为最多，太华路以公共服务业贫困人口为最多。谭家以无业人员为最多，自强路以退休人员为最多，狄寨和自强路以失业人员为最多，汉城和解放门的下岗人员比例最高。轻度贫困、中度贫困、重度贫困街道均以在职低收入贫困人口为主，所占比例分别为 65.76%、53.35% 和 67.73%。其中均以批发零售业贫困人口比例最大，所占比例分别为 23.21%、23.74% 和 27.35%。

从图 4-31 可知，2013 年 36 个贫困街道中 12 个街道以非在职贫困人口为主体，24 个街道以在职低收入为主体。大明宫和南院门以农业贫困人口为最多，北院门和环城西路以制造建筑业贫困人口为最多，新合以批发零售业贫困人口为最多，南院门和长乐西路以企事业单位贫困人口为最多，辛家庙以商务服务业贫困

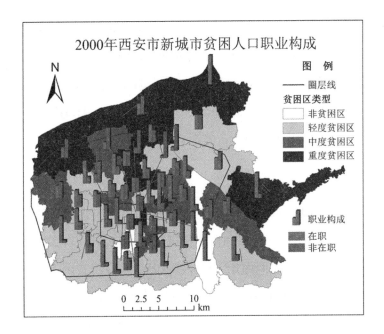

图 4-30　2000 年西安市新城市贫困人口职业构成

图 4-31　2013 年西安市新城市贫困人口职业构成

人口为最多，胡家庙以公共服务业贫困人口为最多。灞桥以无业人员为最多，红旗以退休人员为最多，中山门以失业人员为最多，纺织城的下岗人员比例最高。轻度贫困、中度贫困和重度贫困街道均以非在职贫困人口为主，分别占51.18%、60.79%和51.30%，轻度贫困街道失业人员比例最大，占41.31%。中度贫困和重度贫困街道均以无业人员比例最大，分别占50.08%和58.22%。

6. 住房构成变化

1990年西安市新城市贫困人口以租赁住房为主，租赁住房贫困人口比例为41.83%，其次是单位住房贫困人口和自购住房贫困人口，分别占22.25%和19.73%。2000年租赁住房贫困人口比例为45.38%，其次是自购住房贫困人口和其他住房贫困人口，分别占23.77%和16.69%。2013年租赁住房贫困人口比例为43.01%，其次是其他住房贫困人口和自购住房贫困人口，分别占27.40%和15.85%。

从图4-32可知，1990年内城区自购住房贫困人口比例较高；在主城区，东

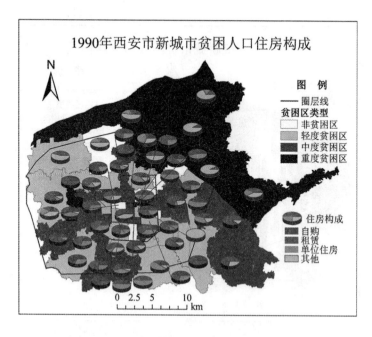

图4-32　1990年西安市新城市贫困人口住房构成

部街道自购住房贫困人口多于西部街道；近郊区租赁住房贫困人口和单位住房贫困人口比例明显增加；远郊区其他住房贫困人口显著增加，自购住房贫困人口和租赁住房贫困人口明显减少。轻度贫困街道租赁住房贫困人口比例最大(44.89%)，其他住房贫困人口比例最低(12.28%)；中度贫困街道租赁住房贫困人口比例最大(47.26%)，其他住房贫困人口比例最低(6.06%)；重度贫困街道最显著的特征是其他住房贫困人口较多，所占比例为42.85%。

从图4-33可知，2000年西安市内城区和主城区自购住房贫困人口比例较高；近郊区各街道中除了北部地区街道(北关、张家堡和大明宫)自购住房贫困人口较多以外，其余街道自购住房贫困人口和单位住房贫困人口所占比例下降，而租赁住房贫困人口比例明显上升；绕城高速以外的街道仍然以租赁住房贫困人口和其他住房贫困人口为主体。轻度贫困街道租赁住房贫困人口比例最大(46.63%)，单位住房贫困人口比例最低(14.03%)；中度贫困街道租赁住房贫困人口比例最大(47.49%)，其他住房贫困人口比例最低(10.61%)；重度贫困街道租赁住房贫困人口比例最大(39.13%)，单位住房贫困人口比例最低(11.32%)，其他住房贫困人口相对较多，所占比例为27.37%。

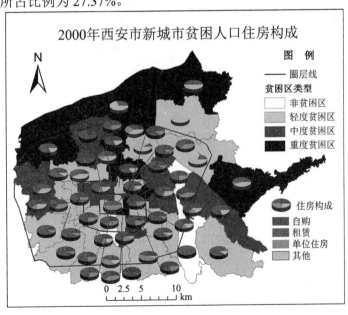

图4-33　2000年西安市新城市贫困人口住房构成

从图 4-34 可知，2013 年西安市内城区和主城区自购住房贫困人口比例较高；近郊区自购住房贫困人口比例相对较高；远郊区其他住房贫困人口和租赁住房贫困人口比例较大。轻度贫困街道租赁住房贫困人口比例最大(42.59%)，单位住房贫困人口比例最低(16.34%)；中度贫困街道租赁住房贫困人口比例最大(46.35%)，自购住房贫困人口比例最低(5.71%)；重度贫困街道租赁住房贫困人口比例最大(36.20%)，单位住房贫困人口比例最低(11.43%)，单位住房贫困人口相对较多，仅次于租赁住房贫困人口，所占比例为 35.70%。

图 4-34　2013 年西安市新城市贫困人口住房构成

从总体来看，通过问卷调查、实地走访以及相关普查、统计数据分析发现 1990 年和 2000 年西安市新城市贫困人口主要包括在职低收入人员、低工资的退休人员和下岗人员，但是到 2013 年，新城市贫困人口的构成呈现复杂化特征，下岗人员、失业人员和外来流动人口中的贫困人员正在成为西安市新城市贫困人口的重要组成部分。通过 1990～2013 年西安市新城市贫困人口特征的比较分析表明：

(1) 西安市新城市贫困人口男女比例相差不大；

(2) 西安市新城市贫困人口有年轻化趋势；

(3) 西安市新城市贫困人口户籍构成以本地户籍为主，但是外来人口的比例在逐渐增加；

(4) 西安市新城市贫困人口以初中学历为主，但是高学历比例有增加趋势；

(5) 1990 年和 2000 年西安市新城市贫困人口职业构成以在职低收入人口为主体，2013 年以非在职贫困人口为主体；

(6) 西安市新城市贫困人口以租赁住房为主[78]。

4.2　西安市城市空间发展水平演变

4.2.1　西安市城市空间发展水平评价

城市内部的各类评价和相关研究所采用的空间单元，地理学研究通常以街道为主，也有极少数研究以居委会为单元，向更小的空间单元拓展的限制主要来自于地域数据的可获得性[201]。本书为了能与西安市新城市贫困空间演变同期耦合，在对西安市城市空间发展水平评价时选取 1990 年、2000 年和 2013 年 3 个时间断面的城市空间综合效益作为研究对象。

1. 评价指标选取原则

(1) 系统性与科学性原则。基于系统性原理构建城市空间发展水平评价指标体系，首先要将总体评价目标进行逐层分解，然后将各个层次综合起来，各个层次既保持自身独立性又能紧密联系、相互作用反映目标层的信息。

指标的确定和筛选要从实际出发，科学选取能直接反映城市空间发展水平的各层次指标，保证其客观性、简洁性，但又不失典型性、代表性。

(2) 动态性和导向性原则。城市空间发展水平评价具有动态变化性，城市空间发展水平随着时间的变化也在不断发生变化。因此，构建指标体系要注意既能对城市空间发展水平的动态性。评价指标体系的构建既能客观全面的描述城市空间发展水平现状，又能有效辨识城市空间发展水平的变化趋势，对其未来发展能够产生导向作用。

(3) 可操作性和可比性原则。指标选取的过程中要充分考虑指标数据的获取难度，既要考虑其代表性和典型性又要考虑相关部门数据的统计类型。评价指标体系的构建要考虑可比性，既要反映不同时间断面城市空间发展水平，又要反映城市内部不同空间单元城市空间发展水平。

2．评价指标体系构建

在构建指标体系过程中，不能片面追求指标全面性，而忽视其典型性，导致指标体系过于庞杂，典型指标的权重被稀释，进而造成评价结果失真[202]。本书在评价指标的选取过程中主要综合考虑了西安市城市空间发展过程中经济效益、社会效益、环境效益和空间效益等 4 个方面，由于衡量城市空间发展水平的指标变量较多，多个变量之间存在线性关系[203]，所以指标不宜选取过多。因此，按照上述指标选取思路，本书综合运用频度统计法、理论分析法和专家咨询法对指标进行遴选。首先，在 CNKI 中以篇名中出现"城市空间发展""城市空间绩效""城市空间增长""城市发展""城市效益"和"城市发展效益"等词条为检索条件，从 2000～2013 年间的 646 篇文献中选取使用频度较高的城市空间发展水平评价指标；其次，对城市空间发展的内涵与系统构成要素进行有效辨识，结合西安市的具体情况和指标数据的可获取性与可靠性进行理论分析；最后，访谈 15 位专家后对指标做出了一定修正，设计出西安市城市空间发展水平评价指标体系(表 4-4)。该评价指标体系共分 3 个层次：

(1) 目标层，反映城市空间发展的总体水平，文中用城市空间综合效益来表示；

(2) 要素层，主要由经济、社会、环境和空间效益等 4 个要素组成；

(3) 指标层，主要为反映城市空间发展系统各组成要素的具体指标。

表 4-4　西安市城市空间发展水平评价指标体系

目标层	要素层	指标层	性质
城市空间综合效益	经济效益	Y_1 财政收入(万元)	正效
		Y_2 人均收入(元)	正效
		Y_3 第三产业产值比重(%)	正效
		Y_4 固定资产投资(亿元)	正效
	社会效益	Y_5 万人医院床位(张)	正效
		Y_6 人均居住面积(m^2)	正效
		Y_7 失业率(%)	负效
		Y_8 大专及以上学历人口比例(%)	正效
	环境效益	Y_9 API	负效
		Y_{10} 人均绿地面积(km^2)	正效
		Y_{11} 环境噪声(分贝)	负效
	空间效益	Y_{12} 地均财政收入(万元/km^2)	正效
		Y_{13} 地均第三产业产值(万元/km^2)	正效
		Y_{14} 地均固定资产投资(亿元/km^2)	正效

3．评价指标的解释

(1) 经济效益评价指标。利用经济可比的指标，对城市空间发展的经济效果进行评价。本书为了客观真实地反映经济效益，结合西安市经济发展实际，考虑指标数据的可得性和可靠性，选取了地方财政收入(万元)、人均收入(元)、第三产业产值比重(%)、固定资产投资(亿元)4 个指标。

(2) 社会效益评价指标。社会效益指标主要集中反映社会公共服务设施对人们生活的满足程度，城市空间的社会效益评价是一个复杂的问题，考虑到统计资料的可得性和研究空间单元的微观性，为防止指标选取过多出现"平均化"现象而掩盖问题的本质，本书建立了一个简化的城市空间社会效益评价指标体系，包括万人医院床位数(张)、人均居住面积(m^2/人)、失业率(%)、大专及以上学历人口比例(%)。

(3) 环境效益评价指标。环境效益是反映城市空间发展水平的重要因素，本书考虑到西安市生态环境实际情况，选取 API(空气污染指数，Air Pollution Index)、人均绿地面积(m^2/人)、环境噪声(分贝)3 个指标来衡量不同空间单元的生态环境质量水平。

(4) 空间效益评价指标。空间效益评价指标的选取主要是从空间发展的角度出发，选取空间发展的经济效益评价指标。主要包括地均财政收入(万元/km^2)、地均第三产业产值(万元/km^2)、地均固定资产投资(亿元/km^2)3 个指标。

4．评价指标数据来源

经济、社会相关数据主要来源于西安市《雁塔区统计年鉴》《莲湖区统计年鉴》《未央区统计年鉴》《灞桥区统计年鉴》《碑林区统计年鉴》《新城区统计年鉴》等城 6 区统计年鉴，西安市城 6 区国民经济和社会发展统计公报，西安市城 6 区第四次、第五次、第六次人口普查和抽样数据、经济普查数据，西安市城 6 区及各街道办事处官方网站，西安市城 6 区统计局及各街道办统计站深入调研数据，西安市城 6 区各街道及有关部门主要经济指标完成情况统计资料，同时利用西安市城 6 区各街道实地调查走访数据予以补充和修正，个别缺失数据经过简单计算得到。环境数据中 API 数据一部分来源于《西安市环境质量报告》,一部分是西安市空气国控网监测点数据处理后得到,部分缺失数据通过 Kriging 插值得到;人均绿地面积数据主要来源于城 6 区统计年鉴以及分区规划调研数据,部分缺失数据利用 ENVI4.8 软件对 30m 分辨率的 Landsat TM 卫星影像数据进行几何校正、辐射校正和大气校正后,利用多波段合成影像,再利用监督分类解译得到,同时利用西安主城区规划中的 1:10 000 土地利用现状图与城市街道单元分布图叠加后得到的测量数据予以补充和修正;环境噪声数据利用 1:10 000 西安街道办底图将西安市交通道路和不同类别功能区矢量化,根据各类区在所属街道的面积比重,结合 1990 年、2000 年、2010 年各功能区噪声值进行加权求和得到[80]。

5. 评价方法选择

目前权重赋值的方法主要分为主观赋值法和客观赋值法[204]。在众多评价方法中,因子分析与传统的权数综合评价方法相比具有综合评价结果更加客观、合理、全面、简洁、实用等特点。因子分析方法是以许多变量之间的相关关系为基础,根据这些相关关系将变量加以组合构成最少数的"因子"来表达变量的总变异,以达到简化变量,揭示产生变异原因的目的[205]。因此,本书采用因子分析法对城市空间发展水平进行评价。

6. 评价的具体步骤

(1) 检验待分析的变量是否符合因子分析的条件。一般来讲 KMO 值统计量＞0.5 就表示适宜做因子分析。此外,若 Bartlett's 检验的显著性标志＜0.001 时,说明效度可以。本书借助 SPSS19.0 软件对 1990 年、2000 年和 2013 年待分析变量进行因子适宜性检验(表 4-5、表 4-6 和表 4-7) 。

从表 4-5、表 4-6 和表 4-7 可知本书 1990 年、2000 年和 2013 年所用变量的 KMO 统计量分别为 0.656、0.719 和 0.705,均大于 0.5,Bartlett 检验的 Sig=0.000,表明适合进行因子分析。

表 4-5　1990 年西安市城市空间发展因子分析适宜性检验(KMO and Bartlett test)

取样足够度的 Kaiser-Meyer-Olkin 度量		0.656
Bartlett 的球形度检验	近似卡方	1550.593
	df	91
	Sig.	0.000

表 4-6　2000 年西安市城市空间发展因子分析适宜性检验(KMO and Bartlett test)

取样足够度的 Kaiser-Meyer-Olkin 度量		0.719
Bartlett 的球形度检验	近似卡方	1306.442
	df	91
	Sig.	0.000

表 4-7　2013 年西安市城市空间发展因子分析适宜性检验(KMO and Bartlett test)

取样足够度的 Kaiser-Meyer-Olkin 度量		0.705
Bartlett 的球形度检验	近似卡方	792.191
	df	91
	Sig.	0.000

(2) 因子提取。本书借助 SPSS19.0 软件完成计算，结果如下(表 4-8、表 4-9 和表 4-10) 。

表 4-8　1990 年西安市城市空间发展因子分析的特征值及方差贡献

序号	特征值	解释方差百分比(%)	解释方差累积百分比(%)
1	6.677	47.691	47.691
2	2.701	19.295	66.986
3	1.654	11.815	78.801

表 4-9　2000 年西安市城市空间发展因子分析的特征值及方差贡献

序号	特征值	解释方差百分比(%)	解释方差累积百分比(%)
1	6.826	48.760	48.760
2	2.455	17.536	66.296
3	1.784	12.742	79.037

表 4-10　2013 年西安市城市空间发展因子分析的特征值及方差贡献

序号	特征值	解释方差百分比(%)	解释方差累积百分比(%)
1	6.270	44.783	44.783
2	2.394	17.097	61.880
3	1.299	9.277	71.158
4	1.239	8.853	80.010

本书采用特征值＞1 的标准，采用主成分分析法提取因子，并输出碎石图(图 4-35、图 4-36 和图 4-37) 。

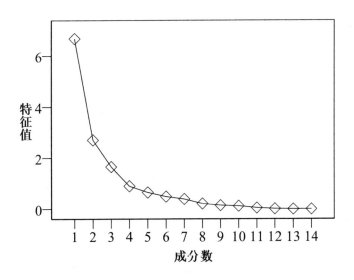

图 4-35　1990 年西安市城市空间发展因子特征碎石图

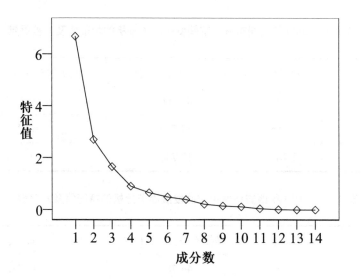

图 4-36　2000 年西安市城市空间发展因子特征碎石图

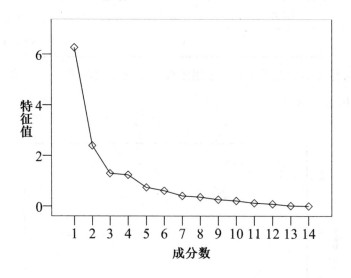

图 4-37　2013 年西安市城市空间发展因子特征碎石图

由图 4-35 和表 4-8 可知，1990 年变量特征值曲线中前 3 个因子的特征值＞1，包含了全部指标的大部分信息，因此，采用主成分分析法提取了 3 个因子；据此方法，2000 年提取了 3 个因子(图 4-36 和表 4-9)，2013 年提取了 4 个因子(图 4-37 和表 4-10)。

(3) 计算因子得分。由表 4-11 所示的 1990 年西安市城市空间发展主因子载荷矩阵将 3 个公共因子表示为 14 个指标的线性函数，据此得分函数为：

$$F_1 = 0.870 X_1 + 0.623 X_2 + 0.656 X_3 + 0.870 X_4 + 0.742 X_5 + 0.342 X_6 + 0.152 X_7 + 0.700 X_8 + 0.729 X_9 - 0.637 X_{10} + 0.479 X_{11} + 0.803 X_{12} + 0.844 X_{13} + 0.800 X_{14}$$

$$F_2 = 0.451 X_1 + 0.700 X_2 - 0.056 X_3 + 0.452 X_4 - 0.099 X_5 + 0.419 X_6 + 0.543 X_7 - 0.567 X_8 - 0.336 X_9 + 0.471 X_{10} - 0.597 X_{11} - 0.275 X_{12} + 0.393 X_{13} - 0.277 X_{14}$$

$$F_3 = -0.011 X_1 + 0.166 X_2 - 0.491 X_3 - 0.003 X_4 - 0.135 X_5 + 0.720 X_6 - 0.467 X_7 - 0.131 X_8 - 0.269 X_9 + 0.263 X_{10} + 0.290 X_{11} + 0.408 X_{12} - 0.221 X_{13} + 0.415 X_{14}$$

表 4-11　1990 年西安市城市空间发展主因子载荷矩阵

变量类型	指标变量	主因子载荷		
		1	2	3
经济效益	Y_1 财政收入(万元)	0.870	0.451	-0.011
	Y_2 人均收入(元)	0.623	0.700	0.166
	Y_3 第三产业产值比重(%)	0.656	-0.056	-0.491
	Y_4 固定资产投资(亿元)	0.870	0.452	-0.003
社会效益	Y_5 万人医院床位(张)	0.742	-0.099	-0.135
	Y_6 人均居住面积(m^2)	0.342	0.419	0.720
	Y_7 失业率(%)	0.152	0.543	-0.467
	Y_8 大专及以上学历人口比例(%)	0.700	-0.567	-0.131
环境效益	Y_9 API	0.729	-0.336	-0.269
	Y_{10} 人均绿地面积(km^2)	-0.637	0.471	0.263
	Y_{11} 环境噪声(分贝)	0.479	-0.597	0.290
空间效益	Y_{12} 地均财政收入(万元/km^2)	0.803	-0.275	0.408
	Y_{13} 地均第三产业产值(万元/km^2)	0.844	0.393	-0.221
	Y_{14} 地均固定资产投资(亿元/km^2)	0.800	-0.277	0.415

由表 4-12 所示的 2000 年西安市城市空间发展主因子载荷矩阵将 3 个公共因子表示为 14 个指标的线性函数，据此得分函数为：

$$F_1 = 0.848 X_1 + 0.461 X_2 + 0.729 X_3 + 0.853 X_4 + 0.739 X_5 + 0.276 X_6 + 0.116 X_7 + 0.765 X_8 + 0.780 X_9 - 0.633 X_{10} + 0.718 X_{11} + 0.776 X_{12} + 0.839 X_{13} + 0.766 X_{14}$$

$$F_2 = 0.468 X_1 + 0.749 X_2 + 0.053 X_3 + 0.459 X_4 + 0.116 X_5 + 0.348 X_6 + 0.452 X_7 - 0.465 X_8 - 0.254 X_9 + 0.523 X_{10} - 0.352 X_{11} - 0.384 X_{12} + 0.386 X_{13} - 0.386 X_{14}$$

$$F_3 = -0.099 X_1 + 0.186 X_2 - 0.303 X_3 - 0.085 X_4 + 0.281 X_5 + 0.841 X_6 - 0.597 X_7 - 0.195 X_8 - 0.143 X_9 + 0.306 X_{10} - 0.014 X_{11} + 0.374 X_{12} - 0.239 X_{13} + 0.386 X_{14}$$

表 4-12　2000 年西安市城市空间发展主因子载荷矩阵

变量类型	指标变量	主因子载荷		
		1	2	3
经济效益	Y_1 财政收入(万元)	0.848	0.468	-0.099
	Y_2 人均收入(元)	0.461	0.749	0.186
	Y_3 第三产业产值比重(%)	0.729	0.053	-0.303
	Y_4 固定资产投资(亿元)	0.853	0.459	-0.085
社会效益	Y_5 万人医院床位(张)	0.739	0.116	0.281
	Y_6 人均居住面积(m^2)	0.276	0.348	0.841
	Y_7 失业率(%)	0.116	0.452	-0.597
	Y_8 大专及以上学历人口比例(%)	0.765	-0.465	-0.195
环境效益	Y_9 API	0.780	-0.254	-0.143
	Y_{10} 人均绿地面积(km^2)	-0.633	0.523	0.306
	Y_{11} 环境噪声(分贝)	0.718	-0.352	-0.014
空间效益	Y_{12} 地均财政收入(万元/km^2)	0.776	-0.384	0.374
	Y_{13} 地均第三产业产值(万元/km^2)	0.839	0.386	-0.239
	Y_{14} 地均固定资产投资(亿元/km^2)	0.766	-0.386	0.386

由表 4-13 所示的 2013 年西安市城市空间发展主因子载荷矩阵将 4 个公共因
子表示为 14 个指标的线性函数，据此得分函数为：

表 4-13　2013 年西安市城市空间发展主因子载荷矩阵

变量类型	指标变量	主因子载荷			
		1	2	3	4
经济效益	Y_1 财政收入(万元)	0.618	0.461	0.060	-0.419
	Y_2 人均收入(元)	0.513	0.491	0.155	0.349
	Y_3 第三产业产值比重(%)	0.722	0.184	0.360	-0.006
	Y_4 固定资产投资(亿元)	0.749	0.428	0.085	-0.165
社会效益	Y_5 万人医院床位(张)	0.849	-0.146	0.248	-0.156
	Y_6 人均居住面积(m^2)	0.030	-0.504	0.742	0.109
	Y_7 失业率(%)	0.114	0.774	-0.308	0.330
	Y_8 大专及以上学历人口比例(%)	0.822	-0.294	-0.325	0.043
环境效益	Y_9 API	0.665	-0.235	0.163	0.416
	Y_{10} 人均绿地面积(km^2)	-0.720	0.189	0.387	-0.044
	Y_{11} 环境噪声(分贝)	0.584	-0.006	0.010	0.683
空间效益	Y_{12} 地均财政收入(万元/km^2)	0.768	-0.489	-0.226	-0.145
	Y_{13} 地均第三产业产值(万元/km^2)	0.794	0.444	0.193	-0.302
	Y_{14} 地均固定资产投资(亿元/km^2)	0.782	-0.485	-0.238	-0.118

$F_1 = 0.618 X_1 + 0.513 X_2 + 0.722 X_3 + 0.749 X_4 + 0.849 X_5 + 0.030 X_6 + 0.114 X_7 + 0.822 X_8 + 0.665 X_9 - 0.720 X_{10} + 0.584 X_{11} + 0.768 X_{12} + 0.794 X_{13} + 0.782 X_{14}$

$F_2 = 0.461 X_1 + 0.491 X_2 + 0.184 X_3 + 0.428 X_4 - 0.146 X_5 - 0.504 X_6 + 0.774 X_7 - 0.294 X_8 - 0.235 X_9 + 0.189 X_{10} - 0.006 X_{11} - 0.489 X_{12} + 0.444 X_{13} - 0.485 X_{14}$

$F_3 = 0.060 X_1 + 0.155 X_2 + 0.360 X_3 + 0.085 X_4 + 0.248 X_5 + 0.742 X_6 - 0.308 X_7 - 0.32$

5 X_8 -0.163 X_9 +0.387 X_{10} +0.010 X_{11} -0.226 X_{12} +0.193 X_{13} -0.238 X_{14}

F_4 = -0.419 X_1 +0.349 X_2 -0.006 X_3 -0.165 X_4 -0.156 X_5 +0.109 X_6 +0.300 X_7 +0.0

43 X_8 +0.416 X_9 -0.044 X_{10} +0.683 X_{11} -0.145 X_{12} -0.302 X_{13} -0.118 X_{14}

(4) 综合得分计算。公共因子仍然是从各个方面反映了各街道城市空间发展水平，还不能对各街道的城市空间发展水平进行综合评价，因此，需要将各公共因子的方差贡献率作为权数计算综合得分。用 λ_i (i =1，2，3…) 表示公共因子的方差贡献率。1990 年 λ_1 =47.691， λ_2 =19.295， λ_3 =11.815；2000 年 λ_1 =48.760， λ_2 =17.536， λ_3 =12.742；2013 年 λ_1 =44.783， λ_2 =17.097， λ_3 =9.277， λ_4 =8.853。那么，综合得分的计算公式为：

$$F = \frac{\lambda_i}{\sum_{i=1}^{n} \lambda_i} F_i \quad (i=1,2,3,\cdots) \qquad (4-5)$$

由于 1990 年、2000 年和 2013 年 3 个时间断面西安市城 6 区 53 个街道的数据过多，本书为了便于分析，将 1990 年、2000 年和 2013 年城市空间综合效益得分数据应用于空间演变分析部分。

4.2.2　1990 年以来西安市城市空间发展水平演变

1. 城市空间发展水平演变总体趋势

本书采用城市空间综合效益表示城市空间发展水平，为了直观地揭示西安市城市空间综合效益空间分布的整体规律，本书利用 ArcGIS9.3 软件对 1990 年、2000 年和 2013 年西安市城市空间综合效益进行趋势分析(图4-38、图4-39 和图4-40) 。

从图 4-38 可知，1990 年西安市城市空间综合效益从东到西和从南到北均呈现中间高两边低的趋势，两个维度上基本都呈现倒"U"型分布。

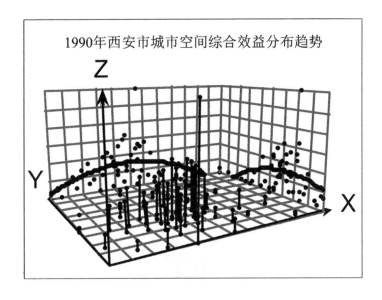

图 4-38　1990 年西安市城市空间综合效益空间分布趋势

从图 4-39 可知，2000 年西安市城市空间综合效益从东到西呈现中间高两边低的趋势，从南到北呈现南高北低趋势。

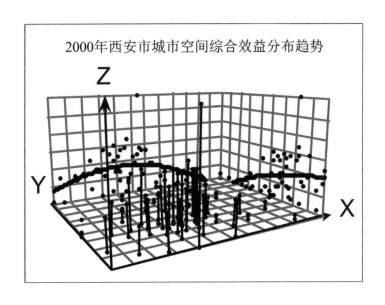

图 4-39　2000 年西安市城市空间综合效益空间分布趋势

从图 4-40 可知，2013 年西安市城市空间综合效益从东到西呈现中间高两边低的趋势，从南到北呈现南高北低趋势。

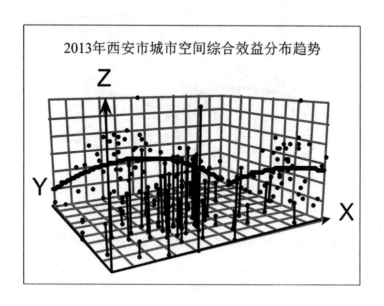

图 4-40 2013 年西安市城市空间综合效益空间分布趋势

2. 1990 年以来西安市城市空间发展水平空间演变

为了更加清晰判断西安市城市空间综合效益整体分布特征演变，基于以上城市空间综合效益得分利用 ArcGIS9.3 软件中自然断点分级法(natural break) 对 1990 年、2000 年和 2013 年西安市城市空间综合效益分成 5 类，分别是极高区、高区、中等区、低区和极低区，并在地图上呈现(图 4-41、图 4-42 和图 4-43) 。

从图 4-41 可知，1990 年城市空间综合效益在内城区和主城区相对较高，近郊区和远郊区综合效益整体水平相对偏低。1990 年西安市城市空间综合效益类型区中，极高区、高区和中等区基本分布于内城区和主城区之内呈现嵌套分布状态，低区均集中分布在近郊区，而极低区分布于远郊区。从表 4-14 可知，1990 年城市空间综合效益类型区由低到高的数量为 19：12：13：8：1(表 4-14) 。

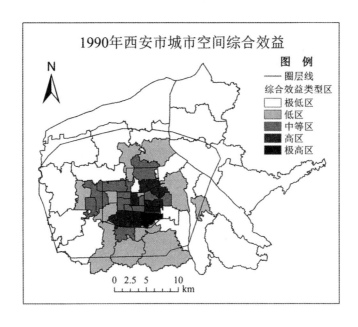

图 4-41　1990 年西安市城市空间综合效益空间分布

从图 4-42 可知，2000 年内城区和主城区综合效益相对较高，另外城区的南部区域呈现较高状态。

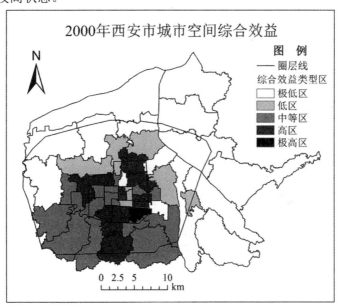

图 4-42　2000 年西安市城市空间综合效益空间分布

　　2000 年西安市城市空间综合效益类型区中，分值较高的区域向南有所扩展，极高区、高区、中等区和低区大多分布于近郊区之内呈现嵌套分布状态，极低区大多集中分布在远郊区，城南地区明显高于城北地区。从表 4-14 可知，2000 年城市空间综合效益类型区由低到高的数量为 15∶8∶16∶13∶1(表 4-14) 。

表 4-14　西安市城市空间综合效益类型区

年份	极低区	低区	中等区	高区	极高区
1990 年	19	12	13	8	1
2000 年	15	8	16	13	1
2013 年	9	13	11	13	7

　　从图 4-43 可知，2013 年内城区和主城区综合效益相对外围地区较高。

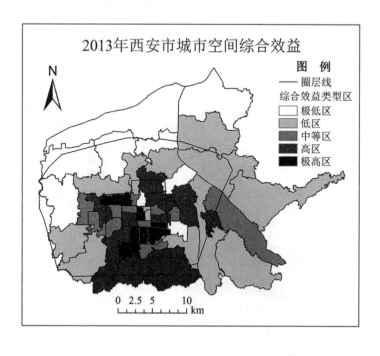

图 4-43　2013 年西安市城市空间综合效益空间分布

2013 年西安市城市空间综合效益类型区中，综合效益较高的区域向南和向东有所扩展，极高区、高区、中等区和低区大多分布于近郊区之内呈现嵌套分布状态，极低区大多集中分布在远郊区的北部，城南地区明显高于城北地区。从表 4-14 可知，2013 年城市空间综合效益类型区由低到高的数量为 9∶13∶11∶13∶7(表 4-14)。

从总体来看，1990～2013 年西安市城市空间综合效益呈现出"圈层放射"态势，高值区和中值区的街道在绕城高速以内嵌套分布，低值区街道大多分布在绕城高速以外的远郊区；城北地区低于城南地区；综合效益低值区的街道数量向北有所增加。

3．城市空间发展水平重心演变

(1) 模型与方法。本书通过重心模型揭示城市空间综合效益的空间位移规律。基本模型如下：

$$x_1 = \sum_{i=1}^{n} \frac{x_i}{n} \quad , \quad y_1 = \sum_{i=1}^{n} \frac{y_i}{n} \tag{4-6}$$

$$x_2 = \sum_{i=1}^{n} \frac{w_i x_i}{n} \quad , \quad y_2 = \sum_{i=1}^{n} \frac{w_i y_i}{n} \tag{4-7}$$

其中，n 是区域个数，x_i，y_i 是西安市第 i 街道坐标，w_i 是第 i 街道城市空间综合效益坐标权重，本书取值为各街道城市空间综合效益/平均值，(x_1, y_1) 是平均中心坐标，(x_2, y_2) 是加权后的重心坐标。

本书假设第 t，$t+k$ 年西安市城市空间综合效益的重心坐标分别为 $P_t(x_t, y_t)$、$P_{t+k}(x_{t+k}, y_{t+k})$，那么城市空间综合效益重心从 t 年到 $t+k$ 年移动距离模型如下：

$$d_m = \sqrt{(x_{t+k} - x_t)^2 + (y_{t+k} - y_t)^2} \qquad (4\text{-}8)$$

(2) 结果分析。对西安市城市空间综合效益重心演变的分析中选取 1990 年、2000 年、2013 年 3 个时间断面城市空间综合效益作为研究对象。利用公式(4-6) 和 (4-7) 计算得到平均中心和 3 个时间断面城市空间综合效益重心(图 4-44) 。

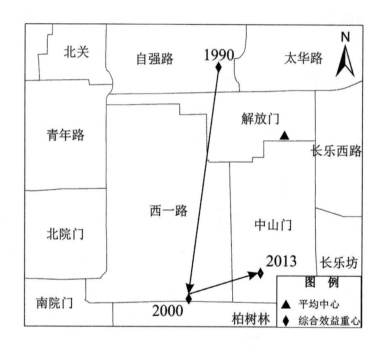

图 4-44　西安市城市空间综合效益重心变化

通过图 4-44 可知，平均中心位于解放门，1990 年城市空间综合效益重心位于自强路，2000 年城市空间综合效益重心位于西一路，2013 年城市空间综合效益重心位于中山门。可见 3 年的城市空间综合效益重心与平均中心并不一致，同样也反映西安市城市空间综合效益空间分布处于不均衡状态。1990～2000 年西安市城市空间综合效益重心稍偏西南迁移，2000～2013 年西安市城市空间综合效益重心稍偏东北迁移。

利用公式(4-8) 计算得到 1990～2013 年西安市城市空间综合效益重心的移动距离，从图 4-44 和表 4-15 可知，1990～2000 年，西安市城市空间综合效益重心向西南方向移动了 2.290km，移动速度为 229m/a，这与这个阶段西安市不断向西向南发展有直接关系，在此期间西安市改革开放和经济发展进入稳步推进期，以科技、旅游、商贸为先导，先后向西向南开辟了电子工业城和工业科技园区、国家级高新技术产业开发区等开发区，城市空间发展保持高速增长态势；2000～2013 西安市城市空间综合效益重心向东北方向移动了 0.786km，移动速度为 60.5m/a，这与西安市大都市圈建设、西安市政府北迁、浐灞生态区建设、关中—天水经济区建设对城市空间向北向东拓展力度加大密切相关。

表 4-15　西安市城市空间综合效益重心移动

时期	距离(km)	速度(m/a)	方向
1990～2000	2.290	229	西南
2000～2013	0.786	60.5	东北

4.3　本章小结

通过问卷调查、实地走访以及相关普查、统计数据分析发现 1990 年和 2000 年西安市新城市贫困人口主要包括在职低收入人员、低工资的退休人员和下岗人员，但是到 2013 年，新城市贫困人口的构成呈现复杂化特征，下岗人员、失业人员和外来流动人口中的贫困人员正在成为西安市新城市贫困人口的重要组成部分；对所获取的数据进一步处理后发现 1990～2013 年西安市新城市贫困人口总量呈现一定的上升态势，但新城市贫困程度有所下降。

从西安市新城市贫困程度发展来看，1990～2013 年西安市新城市贫困程度空间分布发生了由"圈层放射+局部嵌套"向"整体破碎+局部集聚"演变；1990～2013 年西安市新城市贫困类型区呈现"放射性嵌套"分布格局，非贫困区、轻度贫困区与中度贫困区在绕城高速以内嵌套分布，重度贫困区大多分布在绕城高速以外的远郊区；沿圈层向外贫困程度有所加重。重心分析表明 1990～2000 年西安市新城市贫困程度重心稍偏西南迁移，2000～2013 年西安市新城市贫困程度重心稍偏东南迁移，移动距离和速度差异较大。

1990 年新城市贫困人口在城区东北和西南相对集中，总体呈现相对破碎状态；2000 年新城市贫困人口在城区东北和西南相对集中，内城区和主城区外围比较集中；2013 年新城市贫困人口由内城向远郊呈现逐渐增长趋势，基本沿圈层向外呈放射性分布。新城市贫困人口相对集中分布于旧城区和城市边缘地带的街道。

新城市贫困人口特征主要表现为：

(1) 男女比例相差不大；

(2) 呈现年轻化趋势；

(3) 以本地户籍为主，但是外来人口的比例在逐渐增加；

(4) 学历偏低，以初中学历为主，但是高学历贫困人口的比例有所上升；

(5) 1990 年和 2000 年西安市新城市贫困人口职业构成以在职低收入人口为主体，2013 年以非在职贫困人口为主体；

(6) 以租赁住房为主。

本书综合考虑了西安市城市空间发展的经济效益、社会效益、环境效益和空间效益 4 个方面，通过频度统计、理论分析和专家打分方法选取了 14 个指标构建评价指标体系，利用数理统计分析方法和 ArcGIS9.3 空间分析方法进行分析，结果表明：1990～2013 年西安市城市空间综合效益空间格局有明显分异，空间上呈现不均衡分布状态。1990～2013 年西安市城市空间综合效益呈现出集中分布态势，高值区和中值区的街道在绕城高速以内嵌套分布，低值区街道大多分布在绕城高速以外的远郊区；城南地区的街道综合效益明显高于城北地区的街道，越往北综合效益越低；综合效益低值区的街道数量明显增多，沿圈层向外综合效益越来越低。重心分析表明 1990～2000 年和 1990～2013 年西安市城市空间综合效益重心分别发生了稍偏西南和稍偏东北迁移的发展趋势，移动距离和速度差异较大。

第 5 章　西安市新城市贫困空间
与城市空间耦合格局

5.1　西安市新城市贫困程度
与城市空间发展水平的耦合

　　根据第 3 章和第 4 章的研究结果，借助 ArcGIS9.3 软件的空间分析方法将西安市新城市贫困程度空间分布图与西安市城市空间综合效益空间分布图进行叠加后(图 5-1、图 5-2 和图 5-3)，分析西安市新城市贫困程度与城市空间发展水平的时空耦合关系。

　　从图 5-1 可知，1990 年非贫困区中位于主城区范围内的文艺路、青年路、太华路和长乐坊等 4 个街道综合效益较高，而位于近郊区的辛家庙和汉城两个街道综合效益较低；轻度贫困区的 17 个街道中除位于内城区附近的大雁塔、小寨路、张家村、长安路、北院门、东关南街、环城西路、大明宫和中山门等 9 个街道综合效益相对较高以外，其余位于外围的街道相对较低；中度贫困区中位于内城区的西一路、南院门、柏树林、太乙路以及主城区附近的土门、桃园路、红庙坡、胡家庙和长乐中路等街道的综合效益相对较高，其余位于主城区外围的 11 个街道比较低；重度贫困区中的 6 个街道综合效益均非常低。

　　从图 5-2 可知，2000 年非贫困区中的小寨路、长安路等街道综合效益较高，红旗街道偏低；轻度贫困的街道和中度贫困的街道中位于主城区内的综合效益较高；重度贫困 10 个街道中除大明宫外，其余街道综合效益均非常低。

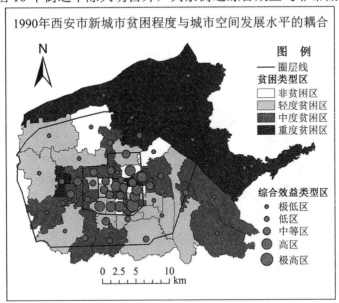

图 5-1　1990 年西安市新城市贫困程度与城市空间发展水平的耦合

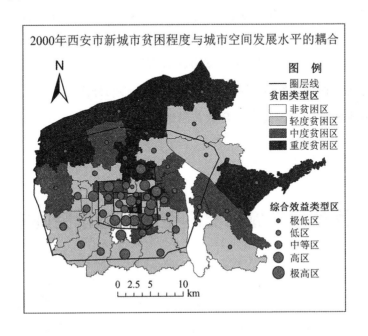

图 5-2　2000 年西安市新城市贫困程度与城市空间发展水平的耦合

从图 5-3 可知，2013 年非贫困区中位于主城区内的街道综合效益相对较高；轻度贫困区和中度贫困区中位于主城区内的街道综合效益较高；重度贫困的解放门、草滩、新合和席王等 4 个街道综合效益非常低。

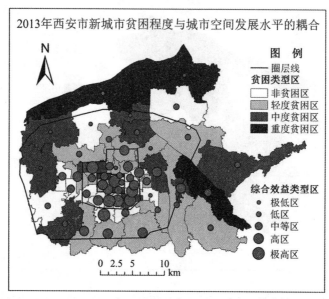

图 5-3　2013 年西安市新城市贫困程度与城市空间发展水平的耦合

从总体来看，1990～2013 年西安市新城市贫困程度基本呈现由城中心向外围逐渐加重趋势，而城市空间综合效益呈现由城中心向外围逐渐降低的趋势，可见整体呈现贫困程度越重的街道综合效益越低的特征。

5.2　西安市新城市贫困空间与城市空间的耦合

上述分析只是对西安市新城市贫困程度与城市空间发展水平的耦合变化规律进行了有效辨识，为了寻找西安市新城市贫困空间与城市空间耦合变化特征及形成机制，需要对西安市新城市贫困空间与城市空间耦合关系做进一步分析。

5.2.1　西安市新城市贫困空间与城市空间耦合定量测度

1. 耦合定量测度指标体系设计

基于前文对西安市新城市贫困空间与城市空间耦合系统的分析，提取了反映西安市新城市贫困空间结构的贫困水平、性别构成、年龄构成、户籍构成、文化构成、在职构成、非在职构成和住房构成情况等 28 个变量，反映西安市城市空间发展的经济效益、社会效益、环境效益和空间效益等 14 个变量，这样由两个系统 42 个变量构成了西安市新城市贫困空间与城市空间耦合定量测度指标体系(表 5-1) 。

表 5-1　西安市新城市贫困空间与城市空间耦合定量测度指标体系

目标层	要素层	指标层	单位
新城市贫困空间	贫困水平	X_1 贫困人口密度	人/km^2
		X_2 贫困发生率	%
	性别构成	X_3 贫困人口性别比(男/女)	%
	年龄构成	X_4 18～30 岁贫困人口	人
		X_5 31～40 岁贫困人口	人
		X_6 41～50 岁贫困人口	人
		X_7 51～65 岁贫困人口	人
		X_8 65 岁以上贫困人口	人
	户籍构成	X_9 本地贫困人口	人
		X_{10} 异地贫困人口	人
	文化构成	X_{11} 小学及以下学历贫困人口	人
		X_{12} 初中学历贫困人口	人

续表

目标层	要素层	指标层	单位
新城市贫困空间	文化构成	X_{13} 高中学历贫困人口	人
		X_{14} 大专及以上学历贫困人口	人
	在职构成	X_{15} 农业贫困人口	人
		X_{16} 制造建筑业贫困人口	人
		X_{17} 企事业单位贫困人口	人
		X_{18} 批发零售业贫困人口	人
		X_{19} 商务服务业贫困人口	人
		X_{20} 公共服务业贫困人口	人
	非在职构成	X_{21} 下岗人员	人
		X_{22} 失业人员	人
		X_{23} 退休贫困人口	人
		X_{24} 无业人员	人
	住房构成	X_{25} 自购住房贫困人口	人
		X_{26} 租赁住房贫困人口	人
		X_{27} 单位住房贫困人口	人
		X_{28} 其他住房贫困人口	人
城市空间	经济效益	Y_1 财政收入	万元
		Y_2 人均收入	元
		Y_3 第三产业产值比重	%
		Y_4 固定资产投资	亿元
	社会效益	Y_5 万人医院床位	张
		Y_6 人均居住面积	m²/人
		Y_7 失业率	%
		Y_8 大专及以上学历人口比例	%

续表

目标层	要素层	指标层	单位
城市空间	环境效益	Y_9API	——
		Y_{10} 人均绿地面积	m²/人
		Y_{11} 环境噪声	分贝
	空间效益	Y_{12} 地均财政收入	万元/km²
		Y_{13} 地均第三产业产值	万元/km²
		Y_{14} 地均固定资产投资	亿元/km²

2. 新城市贫困空间与城市空间耦合定量测度意义

转型期西安市城市空间发展速度不断加快,新城市贫困问题日益凸显,但新城市贫困空间与城市空间耦合关系到底如何?如何判断新城市贫困空间与城市空间的非耦合程度,这就需要对新城市贫困空间与城市空间耦合协调程度进行定量测度,进而为新城市贫困空间与城市空间的耦合调控提供依据。因此,对新城市贫困空间与城市空间进行耦合定量测度对西安市可持续发展具有非常重要的意义。

第一,为判断新城市贫困空间与城市空间的协调程度提供重要帮助。当前,西安市城市空间发展速度不断加快,城市各种功能类型区开发、城市基础设施建设、城中村改造、老城区改造等建设行为正在使城市发生深刻变化,而新城市贫困空间也随着西安市城市化水平的不断提升而呈现出多样化的特征。同时,1990年以来新城市贫困空间与城市空间的协调程度也在相应发生快速变化,通过耦合定量测度有利于从整体上把握新城市贫困空间与城市空间的协调程度。

第二,为寻找新城市贫困空间与城市空间耦合规律提供有力依据。通过对西安市 3 个时间断面新城市贫困空间与城市空间协调程度的比较,可以发现新城市贫困空间与城市空间耦合的时空分异规律。

第三,为探索新城市贫困空间与城市空间耦合机制打下坚实基础。通过定量测度耦合关系,进而可以判断 3 个时间断面西安市新城市贫困空间与城市空间耦合系统的主要影响因素以及次要影响要素，为探究新城市贫困空间与城市空间耦合机制提供有力支撑。

第四，为制定科学的新城市贫困空间与城市空间耦合调控对策提供参考。通过新城市贫困空间与城市空间耦合测度的判断，可以从整体上寻找新城市贫困空间与城市空间非耦合特征及其非耦合程度，同时也可以认清不同非耦合空间单元的差异，这样可以更具有针对性的为不同空间单元制定科学而有效的调控对策，为政府部门的科学决策提供参考借鉴。

3. 新城市贫困空间与城市空间耦合定量测度原则

新城市贫困空间与城市空间耦合系统是一个复杂系统，组成复杂多样，从某种程度上来看，新城市贫困空间与城市空间两大系统，可以抽象地看作是"人—新城市贫困群体"和"城"的系统。城市空间为不同社会群体提供服务，满足其生存和发展的需要，新城市贫困群体当然不能排除在外。因此，新城市贫困空间与城市空间耦合定量测度必须遵循系统性原则，将二者纳入整个系统中来。不同的时间断面上新城市贫困空间与城市空间耦合系统的影响因素不同，进行新城市贫困空间与城市空间耦合定量测度时，就必须要寻找到主导因素，以深入探究新城市贫困空间与城市空间耦合机制，为提出新城市贫困空间与城市空间耦合调控对策提供决策依据。

4. 新城市贫困空间与城市空间耦合定量测度内容

本书认为新城市贫困空间与城市空间耦合定量测度包括以下内容：

第一，新城市贫困空间与城市空间两个系统是否存在相互作用的关联关系，程度有多大？

第二，新城市贫困空间与城市空间两个系统彼此相互影响的主要因素和次要因素是什么，影响程度有多大？

第三，通过构建耦合度模型测度新城市贫困空间与城市空间耦合程度到底如何？有何变化规律？3个时间断面城市内部不同空间单元都处于何种发展状态？

5．定量测度方法与模型构建

本书按照系统分析的思路，基于上述西安市新城市贫困空间与城市空间耦合系统定量测度指标体系，运用灰色关联分析方法[206]，通过构建西安市新城市贫困空间与城市空间的关联度和耦合度模型，对西安市新城市贫困空间与城市空间耦合状态进行定量分析，并在时间维度和空间维度两个维度上进行横纵向比较，以揭示西安市新城市贫困空间与城市空间的协调关系和耦合程度。

(1) 确定关联分析序列。包括新城市贫困空间序列组(X_i) 和城市空间序列组(Y_j) 。其中，X_i 包含 28 项具体指标，Y_j 包含 14 项具体指标。

(2) 原始数据无量纲化。本书对原始指标数据采用初值化变换进行无量纲化处理，使各数列有相同起点[207]。其计算公式为：

$$f[X_i(k)] = x_i(k) / x_i(1) \qquad X_i(1) \neq 0 \tag{5-1}$$

$$f[Y_j(k)] = y_j(k) / y_j^{'}(1) \qquad Y_j(1) \neq 0 \tag{5-2}$$

(3) 计算关联系数。关联系数是计算关联度和耦合度的前提，它是两个相比较的序列在第 k 个区域或时间的绝对差值，它所反映的是某一时间断面或某一区域的两组序列的关联程度[208]。其计算公式为：

$$\xi_{ij}(k) = \frac{\overset{min}{i}\overset{min}{j}\left|X_i^{'}(k) - Y_j^{'}(k)\right| + \rho_i^{\,max}\overset{max}{j}\left|X_i^{'}(k) - Y_j^{'}(k)\right|}{\left|X_i^{'}(k) - Y_j^{'}(k)\right| + \rho_i^{\,max}\overset{max}{j}\left|X_i^{'}(k) - Y_j^{'}(k)\right|} \tag{5-3}$$

其中，$\xi_{ij}(k)$ 是西安市第 k 个街道第 i 个新城市贫困空间指标与第 j 个城市空间指标之间的关联系数；$X_i^{'}(k)$ 和 $Y_j^{'}(k)$ 分别是西安市第 k 个街道第 i 个新城市贫困空间指标与第 j 个城市空间指标之间的标准化值；ρ 是分辨系数，一般取值是

$0.5^{[209]}$。

(4) 计算关联度。为了进一步揭示西安市新城市贫困空间与城市空间的关联程度和耦合特征，将关联系数按照样本数 N 求其平均值后可以得到一个关联度矩阵 $\gamma^{[91]}$，它反映了西安市新城市贫困空间与城市空间的耦合关系。其计算公式为：

$$\gamma_{ij} = \frac{1}{N} \sum_{N=1}^{1} \xi_{ij}(k) \ (N = 1, 2 \cdots n) \tag{5-4}$$

其中，γ_{ij} 是关联度，N 是指标个数，即本书选取的西安市新城市贫困空间指标或城市空间指标的个数。

通过对关联度 γ_{ij} 的大小进行分析，可以得出西安市城市空间的哪些因素对新城市贫困空间的影响较大，哪些因素对新城市贫困空间的影响不明显。关联度的取值范围为 0~1 之间($0 \leqslant \gamma_{ij} \leqslant 1$)，$\gamma_{ij}$ 值越大，说明关联性越大，若取最大值 $\gamma_{ij} = 1$，则说明新城市贫困空间系统某一指标 $X_i(k)$ 与城市空间系统某一指标 $Y_j(k)$ 之间关联性大，变化规律基本完全相同。单个指标间的耦合作用非常明显，反之亦然。当 $0 < \gamma_{ij} \leqslant 0.35$ 为低关联度，两系统指标间耦合作用弱；当 $0.35 < \gamma_{ij} \leqslant 0.65$ 为中度关联，两系统指标间耦合作用中等；当 $0.65 < \gamma_{ij} \leqslant 0.85$ 为较高关联，两系统指标间耦合作用较强；当 $0.85 < \gamma_{ij} \leqslant 1$ 为高关联度，两系统间的指标相对变化几乎一致，耦合作用极强$^{[91]}$。

在关联度矩阵的基础上分别按行或者列求其平均值得到关联度模型$^{[208]}$。其计算公式为：

$$d_i = \frac{1}{l} \sum_{j=1}^{1} \gamma_{ij} \ (i = 1, 2 \cdots, m; j = 1, 2 \cdots, l) \tag{5-5}$$

$$d_j = \frac{1}{m} \sum_{i=1}^{1} \gamma_{ij} \ (i = 1, 2 \cdots, m; j = 1, 2 \cdots, l) \tag{5-6}$$

其中，d_i 是新城市贫困空间系统的第 i 指标与城市空间系统的平均关联度；d_j 是城市空间系统的第 j 指标与新城市贫困空间系统的平均关联度；m、l 分别是两系统的指标数。

(5) 耦合度模型构建。为了从空间角度进一步判别西安市 53 个街道新城市贫困空间系统与城市空间系统的耦合状态，本书构建了二者关联的耦合度模型[209]，进而对西安市新城市贫困空间与城市空间耦合协调程度进行定量测度。其计算公式为：

$$C(k) = \frac{1}{m \times l} \sum_{i=1}^{m} \sum_{j=1}^{l} \xi_{ij}(k) \qquad (5-7)$$

其中，$C(k)$ 是西安市 53 个街道的耦合度；m、l 分别是两个系统指标数。耦合度越小，说明两个系统之间的适应性越强；耦合度越大，则表明两个系统之间的作用强度越大[91]。

6. 新城市贫困空间与城市空间耦合定量测度结果分析

以西安市 53 个街道空间单元的新城市贫困空间系统的 28 个指标和城市空间系统的 14 个指标作为新城市贫困空间与城市空间关联分析的指标体系，以前文的原始数据资料为基础，利用上述所提出的计算方法和计算公式，计算得出 1990 年、2000 年和 2013 年西安市新城市贫困空间与城市空间耦合的关联度矩阵(表 5-2、表 5-3 和表 5-4) 。

通过计算得到 1990 年、2000 年和 2013 年两个系统各指标之间的关联度，发现均在 0.70 以上，属于较高关联。通过进一步分析发现 1990 年新城市贫困空间系统与城市空间系统的耦合关联类型以较高关联为主，所占比例为 54.85%，其次为高关联，所占比例为 45.15%。2000 年新城市贫困空间系统与城市空间系统的耦合关联类型以较高关联为主，所占比例为 63.52%，其次为高关联，所占比例为 36.48%。2013 年新城市贫困空间系统与城市空间系统的耦合关联类型以较高关联为主，所占比例为 55.10%，其次为高关联，所占比例为 44.90%。由此可见，3 个时间断面西安市新城市贫困空间系统与城市空间系统的耦合关联类型均以较高关联为主，说明新城市贫困空间系统与城市空间系统的关系非常密切，两个系统交互耦合作用比较明显。

表 5-2　1990 年西安市新城市贫困空间与城市空间耦合的关联系数和关联度

指标	Y_1	Y_2	Y_3	Y_4	Y_5	Y_6	Y_7	Y_8	Y_9	Y_{10}	Y_{11}	Y_{12}	Y_{13}	Y_{14}	平均值	
X_1	1.00	0.93	0.95	0.97	0.88	0.94	0.95	0.84	0.81	0.78	0.76	0.78	0.77	0.87	0.87	
X_2	1.00	0.93	0.95	0.99	0.88	0.98	0.95	0.97	0.80	0.81	0.85	0.77	0.78	0.76	0.89	0.88
X_3	0.90	0.85	0.85	0.81	0.88	0.87	0.85	0.80	0.82	0.80	0.81	0.78	0.79	0.88	0.83	0.83
X_4	0.93	0.89	0.82	0.88	0.87	0.86	0.82	0.82	0.77	0.88	0.76	0.79	0.78	0.89	0.84	
X_5	0.90	0.85	0.85	0.85	0.86	0.87	0.85	0.75	0.78	0.87	0.87	0.78	0.83	0.87	0.84	0.84
X_6	0.88	0.89	0.78	0.88	0.85	0.87	0.78	0.78	0.79	0.83	0.83	0.83	0.75	0.89	0.83	
X_7	0.93	0.89	0.81	0.89	0.82	0.83	0.81	0.88	0.78	0.83	0.82	0.89	0.74	0.88	0.84	
X_8	0.92	0.77	0.80	0.77	0.78	0.86	0.80	0.80	0.83	0.88	0.84	0.82	0.97	0.89	0.84	
X_9	0.86	0.82	0.96	0.89	0.81	0.87	0.96	0.80	0.75	0.77	0.84	0.75	0.80	0.87	0.84	0.84
X_{10}	0.82	0.86	0.95	0.89	0.88	0.83	0.95	0.89	0.74	0.79	0.82	0.78	0.82	0.81	0.85	
X_{11}	0.92	0.98	0.97	0.81	0.86	0.82	0.97	0.82	0.77	0.79	0.86	0.88	0.75	0.86	0.86	
X_{12}	0.91	0.98	0.90	0.88	0.84	0.88	0.80	0.80	0.80	0.80	0.82	0.80	0.78	0.85	0.85	0.85
X_{13}	0.90	0.98	0.96	0.98	0.73	0.89	0.86	0.78	0.82	0.78	0.81	0.78	0.88	0.79	0.85	
X_{14}	0.90	1.00	0.84	0.88	0.89	0.87	0.84	0.78	0.75	0.87	0.79	0.83	0.80	0.77	0.84	
X_{15}	0.93	0.98	0.93	0.98	0.86	0.81	0.83	0.79	0.78	0.81	0.75	0.83	0.80	0.81	0.85	
X_{16}	0.89	0.9	0.89	0.89	0.81	0.86	0.87	0.78	0.88	0.86	0.72	0.83	0.77	0.77	0.84	
X_{17}	0.88	0.95	0.89	0.89	0.81	0.85	0.88	0.83	0.80	0.85	0.77	0.88	0.79	0.96	0.86	0.85
X_{18}	0.82	0.93	0.88	0.88	0.82	0.79	0.88	0.86	0.80	0.79	0.78	0.82	0.77	0.81	0.83	
X_{19}	0.94	0.90	0.93	0.93	0.88	0.77	0.88	0.84	0.84	0.80	0.80	0.87	0.82	0.89	0.86	
X_{20}	0.78	0.94	0.77	0.77	0.81	0.81	0.82	0.81	0.80	0.88	0.86	0.88	0.88	0.80	0.83	

续表

指标	Y_1	Y_2	Y_3	Y_4	Y_5	Y_6	Y_7	Y_8	Y_9	Y_{10}	Y_{11}	Y_{12}	Y_{13}	Y_{14}	平均值	
X_{21}	0.83	0.95	0.83	0.82	0.83	0.77	0.83	0.83	0.83	0.83	0.81	0.83	0.83	0.80	0.83	
X_{22}	0.85	0.95	0.85	0.84	0.86	0.96	0.85	0.86	0.86	0.87	0.78	0.83	0.84	0.86	0.86	0.84
X_{23}	0.81	0.98	0.80	0.79	0.81	0.81	0.81	0.81	0.81	0.81	0.81	0.81	0.81	0.81	0.82	
X_{24}	0.83	0.88	0.88	0.86	0.81	0.89	0.84	0.75	0.80	0.89	0.85	0.76	0.53	0.81	0.83	
X_{25}	0.78	0.80	0.78	0.79	0.88	1.00	0.85	0.90	0.76	0.82	0.80	0.86	0.84	0.79	0.83	
X_{26}	0.88	0.75	0.84	0.89	0.88	0.80	1.00	0.89	0.88	0.80	0.85	0.83	0.77	0.76	0.84	0.83
X_{27}	0.78	0.79	0.88	0.85	0.88	0.85	0.88	0.88	0.77	0.87	0.79	0.89	0.85	0.87	0.85	
X_{28}	0.78	0.76	0.76	0.77	0.77	0.81	0.91	0.75	0.77	0.80	0.77	0.83	0.80	0.80	0.79	
平均值	0.88	0.90	0.87	0.87	0.84	0.86	0.87	0.82	0.80	0.83	0.81	0.82	0.80	0.84		
	0.88				0.85				0.81				0.82			

表 5-3　2000 年西安市新城市贫困空间与城市空间耦合的关联系数和关联度

指标	Y_1	Y_2	Y_3	Y_4	Y_5	Y_6	Y_7	Y_8	Y_9	Y_{10}	Y_{11}	Y_{12}	Y_{13}	Y_{14}	平均值	
X_1	0.99	0.93	0.97	0.89	0.96	0.95	0.93	0.85	0.81	0.76	0.89	0.89	0.81	0.87	0.89	0.89
X_2	1.00	0.93	0.99	0.87	0.98	0.95	0.96	0.97	0.80	0.85	0.82	0.83	0.77	0.76	0.89	
X_3	0.90	0.85	0.81	0.88	0.87	0.85	0.85	0.80	0.82	0.81	0.80	0.78	0.80	0.84	0.83	0.83
X_4	0.73	0.89	0.78	0.87	0.86	0.82	0.82	0.82	0.77	0.76	0.87	0.83	0.81	0.89	0.82	
X_5	0.80	0.85	0.75	0.86	0.87	0.85	0.86	0.75	0.78	0.87	0.80	0.83	0.89	0.87	0.83	
X_6	0.78	0.79	0.78	0.85	0.85	0.78	0.78	0.78	0.79	0.83	0.78	0.88	0.80	0.89	0.81	0.82
X_7	0.73	0.79	0.79	0.82	0.83	0.82	0.81	0.88	0.76	0.82	0.81	0.82	0.80	0.88	0.81	
X_8	0.82	0.77	0.77	0.78	0.84	0.80	0.80	0.80	0.83	0.84	0.80	0.87	0.86	0.89	0.82	
X_9	0.76	0.72	0.76	0.81	0.87	0.88	0.96	0.80	0.72	0.84	0.70	0.88	0.81	0.87	0.81	0.82
X_{10}	0.72	0.76	0.76	0.88	0.81	0.89	0.95	0.89	0.71	0.82	0.77	0.83	0.81	0.81	0.82	

续表

指标	Y_1	Y_2	Y_3	Y_4	Y_5	Y_6	Y_7	Y_8	Y_9	Y_{10}	Y_{11}	Y_{12}	Y_{13}	Y_{14}	平均值	
X_{11}	0.91	0.91	0.98	0.86	0.82	0.83	0.97	0.82	0.76	0.86	0.83	0.83	0.79	0.86	0.86	
X_{12}	0.91	0.91	0.92	0.84	0.87	0.88	0.80	0.80	0.80	0.82	0.81	0.81	0.76	0.85	0.84	0.85
X_{13}	0.91	0.90	0.96	0.73	0.89	0.96	0.86	0.78	0.82	0.81	0.89	0.78	0.87	0.79	0.85	
X_{14}	0.90	0.99	0.84	0.89	0.88	0.88	0.84	0.78	0.75	0.79	0.77	0.77	0.80	0.77	0.83	
X_{15}	0.93	0.98	0.93	0.86	0.86	0.98	0.83	0.79	0.78	0.75	0.79	0.78	0.83	0.83	0.85	
X_{16}	0.89	0.90	0.88	0.81	0.86	0.86	0.89	0.78	0.84	0.72	0.79	0.79	0.81	0.83	0.83	
X_{17}	0.88	0.91	0.87	0.81	0.85	0.89	0.88	0.87	0.80	0.77	0.80	0.78	0.76	0.88	0.84	0.84
X_{18}	0.82	0.93	0.88	0.82	0.79	0.88	0.87	0.86	0.81	0.78	0.78	0.83	0.86	0.82	0.84	
X_{19}	0.94	0.81	0.94	0.88	0.77	0.93	0.89	0.84	0.81	0.80	0.87	0.89	0.84	0.87	0.86	
X_{20}	0.78	0.94	0.77	0.81	0.81	0.77	0.82	0.81	0.72	0.86	0.81	0.82	0.81	0.88	0.82	
X_{21}	0.83	0.95	0.83	0.83	0.77	0.82	0.83	0.83	0.81	0.81	0.76	0.75	0.53	0.83	0.80	
X_{22}	0.85	0.95	0.85	0.86	0.96	0.89	0.85	0.86	0.76	0.75	0.75	0.78	0.84	0.80	0.84	0.82
X_{23}	0.80	0.98	0.81	0.81	0.81	0.90	0.81	0.81	0.81	0.80	0.80	0.87	0.77	0.77	0.83	
X_{24}	0.88	0.88	0.88	0.81	0.89	0.76	0.84	0.75	0.75	0.85	0.80	0.80	0.85	0.79	0.83	
X_{25}	0.78	0.80	0.77	0.88	0.79	0.72	0.85	0.80	0.76	0.72	0.72	0.78	0.70	0.77	0.77	
X_{26}	0.84	0.78	0.83	0.81	0.70	0.77	0.79	0.79	0.78	0.75	0.73	0.76	0.73	0.72	0.77	0.77
X_{27}	0.88	0.79	0.88	0.80	0.76	0.83	0.78	0.87	0.77	0.73	0.77	0.77	0.79	0.78	0.80	
X_{28}	0.77	0.75	0.76	0.75	0.72	0.71	0.81	0.72	0.77	0.77	0.71	0.71	0.73	0.73	0.74	
平均值	0.85	0.87	0.85	0.84	0.84	0.85	0.86	0.82	0.78	0.80	0.79	0.81	0.79	0.83		
	0.85				0.84				0.79				0.81			

表 5-4　2013 年西安市新城市贫困空间与城市空间耦合的关联系数和关联度

指标	Y_1	Y_2	Y_3	Y_4	Y_5	Y_6	Y_7	Y_8	Y_9	Y_{10}	Y_{11}	Y_{12}	Y_{13}	Y_{14}	平均值	
X_1	0.97	0.98	0.99	0.97	0.93	0.89	0.95	0.84	0.78	0.86	0.76	0.77	0.89	0.76	0.88	0.89
X_2	0.99	0.96	0.98	0.99	0.98	0.87	0.95	0.97	0.81	0.81	0.85	0.78	0.88	0.85	0.90	
X_3	0.81	0.77	0.76	0.81	0.75	0.80	0.82	0.80	0.80	0.78	0.81	0.79	0.89	0.81	0.80	0.80
X_4	0.88	0.88	0.93	0.78	0.86	0.89	0.82	0.82	0.88	0.81	0.76	0.78	0.87	0.76	0.84	
X_5	0.85	0.85	0.90	0.75	0.87	0.85	0.85	0.75	0.87	0.85	0.87	0.83	0.81	0.87	0.83	0.83
X_6	0.88	0.88	0.88	0.78	0.85	0.86	0.78	0.78	0.83	0.80	0.83	0.75	0.72	0.83	0.82	
X_7	0.89	0.89	0.93	0.79	0.83	0.83	0.81	0.88	0.83	0.85	0.82	0.74	0.77	0.82	0.84	
X_8	0.77	0.77	0.92	0.77	0.86	0.78	0.80	0.80	0.88	0.79	0.84	0.97	0.78	0.84	0.82	
X_9	0.89	0.89	0.86	0.76	0.87	0.80	0.96	0.80	0.77	0.77	0.84	0.80	0.80	0.84	0.82	0.83
X_{10}	0.84	0.89	0.82	0.76	0.83	0.82	0.95	0.89	0.79	0.76	0.82	0.82	0.79	0.82	0.83	
X_{11}	0.81	0.86	0.92	0.98	0.88	0.86	0.97	0.82	0.79	0.80	0.86	0.87	0.80	0.86	0.86	
X_{12}	0.87	0.88	0.91	0.92	0.88	0.84	0.80	0.80	0.80	0.85	0.82	0.81	0.88	0.82	0.85	0.85
X_{13}	0.98	0.96	0.90	0.96	0.96	0.79	0.86	0.78	0.78	0.79	0.81	0.89	0.83	0.81	0.87	
X_{14}	0.89	0.88	0.91	0.84	0.88	0.89	0.84	0.78	0.87	0.77	0.79	0.82	0.80	0.79	0.84	
X_{15}	0.98	0.98	0.92	0.93	0.98	0.89	0.83	0.79	0.81	0.81	0.75	0.77	0.88	0.75	0.87	
X_{16}	0.89	0.89	0.89	0.88	0.86	0.88	0.87	0.78	0.86	0.77	0.83	0.78	0.88	0.83	0.84	
X_{17}	0.89	0.89	0.88	0.87	0.89	0.90	0.80	0.83	0.85	0.96	0.88	0.80	0.88	0.88	0.86	0.85
X_{18}	0.88	0.88	0.85	0.88	0.88	0.83	0.78	0.86	0.83	0.81	0.82	0.79	0.80	0.82	0.84	
X_{19}	0.93	0.95	0.94	0.94	0.90	0.87	0.87	0.84	0.86	0.89	0.87	0.86	0.87	0.87	0.88	
X_{20}	0.77	0.87	0.78	0.77	0.78	0.87	0.81	0.81	0.81	0.83	0.88	0.88	0.80	0.88	0.82	
X_{21}	0.82	0.93	0.83	0.83	0.82	0.83	0.83	0.81	0.75	0.80	0.83	0.83	0.88	0.83	0.83	0.83
X_{22}	0.84	0.92	0.85	0.85	0.89	0.86	0.85	0.73	0.90	0.86	0.83	0.84	0.80	0.83	0.85	
X_{23}	0.79	0.86	0.81	0.81	0.90	0.81	0.81	0.84	0.89	0.81	0.81	0.84	0.78	0.81	0.83	
X_{24}	0.86	0.82	0.83	0.88	0.76	0.81	0.84	0.77	0.88	0.84	0.81	0.76	0.83	0.81	0.82	

续表

指标	Y_1	Y_2	Y_3	Y_4	Y_5	Y_6	Y_7	Y_8	Y_9	Y_{10}	Y_{11}	Y_{12}	Y_{13}	Y_{14}	平均值	
X_{25}	0.79	0.92	0.78	0.77	0.72	0.86	0.85	0.85	0.75	0.79	0.80	0.86	0.83	0.80	0.81	
X_{26}	0.89	0.78	0.88	0.83	0.77	0.89	1.00	0.77	0.88	0.76	0.76	0.83	0.88	0.76	0.84	0.82
X_{27}	0.85	0.88	0.78	0.88	0.83	0.85	0.88	0.82	0.81	0.87	0.88	0.89	0.80	0.88	0.85	
X_{28}	0.77	0.83	0.78	0.76	0.71	0.77	0.91	0.84	0.78	0.80	0.77	0.83	0.80	0.77	0.80	
平均值	0.87	0.88	0.87	0.85	0.85	0.85	0.86	0.82	0.82	0.83	0.82	0.82	0.82	0.83		
	0.87				0.84				0.82				0.82			

5.2.2 西安市新城市贫困空间与城市空间耦合影响因素分析

西安市新城市贫困空间系统与城市空间系统均受到诸多因素的共同影响，这些因素不断作用到城市空间上，同时也会对新城市贫困群体的空间活动产生一定的作用。在计算得出的1990年、2000年和2013年西安市新城市贫困空间与城市空间耦合的关联系数的基础上，对关联度进行平均值计算和简单排序(表5-2、表5-3和表5-4)，可以进一步揭示出新城市贫困空间与城市空间两个系统彼此相互影响的主要因素和次要因素。

1. 城市空间系统对新城市贫困空间系统的影响因素分析

1990年、2000年和2013年西安市城市空间系统对新城市贫困空间产生影响的过程中，均是经济效益对新城市贫困空间系统的作用较为明显，经过计算得出的3个时间断面西安市53个街道的新城市贫困空间与城市空间耦合的关联度中，经济效益与新城市贫困空间系统的综合关联度分别为0.88、0.85和0.87，而且都是经济效益中的人均收入指标与新城市贫困空间系统的关联度最高，分别为0.90、0.87和0.88。

1990 年、2000 年和 2013 年城市空间系统中的社会效益与新城市贫困空间系统也具有较强的关联性，其综合关联度分别达到了 0.85、0.84 和 0.84，且社会效益中的失业率和人均居住面积与新城市贫困空间系统关联度最高，它们的关联度1990 年分别为 0.87、0.86，2000 年分别为 0.86、0.85，2013 年分别为 0.85、0.85。另外，空间效益和环境效益也与新城市贫困空间系统具有较强的关联性，它们的关联度平均值均在 0.80 以上。

2. 新城市贫困空间系统对城市空间系统的影响因素分析

1990 年、2000 年和 2013 年西安市新城市贫困空间系统对城市空间产生影响的过程中，均是贫困水平对城市空间系统的作用较为明显，经过计算得出的 3 个时间断面西安市 53 个街道的新城市贫困空间与城市空间耦合的关联度中，贫困水平与新城市贫困空间系统的综合关联度分别为 0.88、0.89 和 0.89，而且贫困水平中的贫困发生率指标与城市空间系统的关联度最高，分别为 0.89、0.90 和 0.90。

1990 年、2000 年和 2013 年新城市贫困空间系统中的文化构成、职业构成与城市空间系统也具有较强的关联性，3 个时间断面文化构成与城市空间系统的关联度均为 0.85，在职构成与其关联度分别为 0.85、0.84 和 0.84。另外，其他要素与城市空间系统都具有较强的关联性，除 2000 年住房构成与城市空间系统的关联度为 0.77 以外，其余均在 0.80 以上。

5.2.3　西安市新城市贫困空间与城市空间耦合度时空演变

耦合度的大小可以反映西安市新城市贫困空间与城市空间的相互作用关系及其在空间上的耦合状态，耦合度越小，说明新城市贫困空间系统与城市空间系统的适应性越强，但这种适应有可能是发展的高级阶段即高水平耦合状态，也有可能属于低发展水平的适应，这需要在进一步实地调查的基础上进行判断；耦合度越大，则表明新城市贫困空间系统与城市空间系统的作用强度越大，二者之间的矛盾也越突出，是典型的"非耦合"状态。

1. 新城市贫困空间与城市空间耦合度的时序变化

从时序变化角度分析西安市新城市贫困空间与城市空间耦合度的变化可以更清晰地揭示两个系统相互作用的阶段性特征。根据上述构建的耦合度模型(公式5-7)对1990年、2000年和2013年西安市53个街道新城市贫困空间与城市空间耦合度进行计算，进一步处理后得到1990年、2000年和2013年西安市新城市贫困空间与城市空间耦合度分别为0.7890、0.8054和0.6649。耦合度值的波动性既表明二者交互耦合的紧密性，又表明在城市发展的不同阶段，二者耦合协调程度差异较大。1990～2000年，表现为新城市贫困空间与城市空间的耦合程度有所升高，这一时期正是西安市进入了经济体制转轨和社会结构转型的"双转变"时期，经济发展在这一时期虽然非常迅速，但是在"双转变"大背景下西安市大量国有企业在计划经济向市场经济转变过程中，被迫进行产业结构调整，从而产生了大量的下岗人员和失业人员，在收入分配不平等加剧、社会保障制度不健全、城市管理体制改革滞后等一系列因素的作用下，新城市贫困人口激增，由此带来了新城市贫困空间与城市空间耦合的重构，导致二者的耦合度有所升高。2000～2013年，随着经济的飞速发展、产业结构的不断调整、城市化的快速推进，西安市新城市贫困空间与城市空间均发生了相应的变化，新城市贫困问题也逐渐引起重视，政府采取了提高社会福利保障水平、劳动力转移培训、产业化扶贫、科技扶贫、行业扶贫等诸多措施缓解新城市贫困问题，而这些变化与新城市贫困空间系统优化的需求有所适应，二者之间的关系逐渐向协调方向发展，耦合度值有所降低。从耦合度变化可以发现，随着城市空间发展及新城市贫困空间变化，二者耦合也有可能出现反复。因此，通过有效的调控措施促进西安市新城市贫困空间与城市空间耦合协调发展是西安市和谐有序发展的关键问题。

2. 新城市贫困空间与城市空间耦合度的空间演变

为了直观地揭示西安市新城市贫困空间与城市空间耦合度空间分布的整体规律，本书利用ArcGIS9.3软件对西安市新城市贫困空间与城市空间耦合度空间分布进行了趋势分析(图5-5、图5-6和图5-7)。

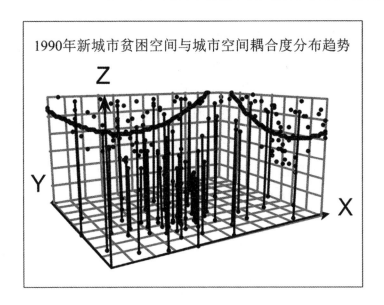

图 5-5　1990 年西安市新城市贫困空间与城市空间耦合度空间分布趋势

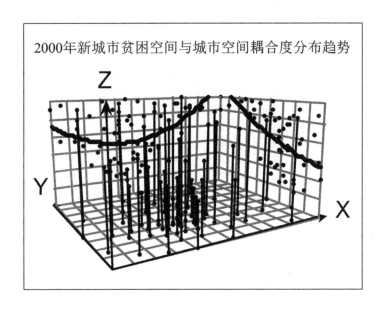

图 5-6　2000 年西安市新城市贫困空间与城市空间耦合度空间分布趋势

图 5-5、图 5-6 和图 5-7 中每根竖棒和采样点代表街道新城市贫困空间与城市空间耦合度及其空间位置。在表示东西向的 x, z 平面和表示南北向的 y, z 平面上将 53 个街道新城市贫困空间与城市空间耦合度作为散点进行投影。在 x, z 向

和 y, z 向上所有投影点各形成一条最佳趋势模拟曲线。从图 5-5 可知，1990 年西安市新城市贫困空间与城市空间耦合度从东到西和从南到北均呈现中间低两边高的趋势，两个维度上基本都呈现"U"型分布；从图 5-6 可知，2000 年西安市新城市贫困空间与城市空间耦合度从东到西呈现中间低两边高的趋势，从南到北呈现北高南低趋势。从图 5-7 可知，2013 年西安市新城市贫困空间与城市空间耦合度从东到西呈现中间低两边高的趋势，从南到北呈现北高南低趋势。从总体来看，1990～2013 年西安市新城市贫困空间与城市空间耦合度空间格局分异显著。

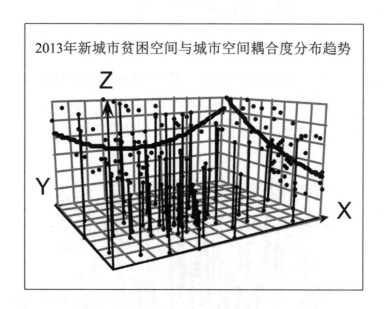

图 5-7　2013 年西安市新城市贫困空间与城市空间耦合度空间分布趋势

利用 ArcGIS9.3 软件自动生成 3 个时间断面西安市新城市贫困空间与城市空间的耦合度分布图(图 5-8、图 5-9 和图 5-10) 。

通过图 5-8 可知，1990 年新城市贫困空间与城市空间耦合度在内城区和主城区相对较低，太华路、太乙路、文艺路、长安路、长乐坊、胡家庙、西一路等街道耦合度较低,近郊区和远郊区新城市贫困空间与城市空间耦合度整体相对较高,电子城、大雁塔、等驾坡、十里铺、谭家和未央宫等街道耦合度较高。

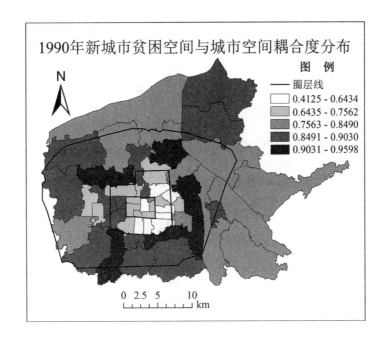

图 5-8　1990 年西安市新城市贫困空间与城市空间耦合度空间分布

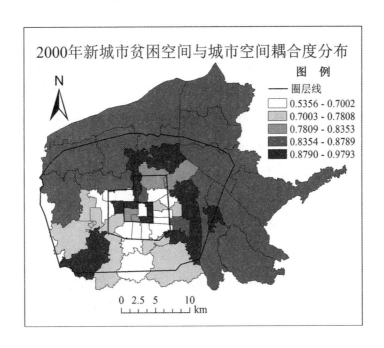

图 5-9　2000 年西安市新城市贫困空间与城市空间耦合度空间分布

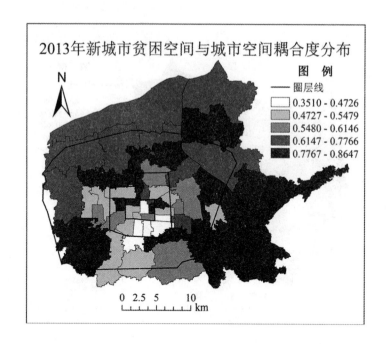

图 5-10 2013 年西安市新城市贫困空间与城市空间耦合度空间分布

从图 5-9 可知，2000 年新城市贫困空间与城市空间耦合度相对 1990 年整体普遍较高，另外城区的北部和东部区域呈现较高状态，尤其是位于近郊附近的谭家、张家堡、十里铺、等驾坡、纺织城、丈八沟、北关、环城西路等街道耦合度较高，位于内城区的柏树林、中山门等街道耦合度也比较高，位于内城区和主城区的小寨路、长安路、太乙路、文艺路、西一路、红庙坡、桃园路、中山门、张家村、胡家庙等街道相对较低。

从图 5-10 可知，2013 年西安市新城市贫困空间与城市空间耦合度相对 1990年和 2000 年有所降低，内城区和主城区相对外围地区较低，小寨路、长安路、太乙路、文艺路、西一路和中山门等街道相对较低，位于近郊和远郊地区的新筑、洪庆、席王、狄寨、红旗、等驾坡、大雁塔、丈八沟、鱼化寨、未央宫、张家堡、谭家等街道以及位于内城附近的解放门、环城西路、青年路等街道相对较高；城南地区相对低于城北地区。

从总体来看，1990～2013 年西安市新城市贫困空间与城市空间耦合度呈现

118

"圈层放射"态势，随着时间的推移耦合度高值区也在不断向外扩散，沿圈层向外新城市贫困空间与城市空间耦合度呈现增高态势，城南地区低于城北地区。

5.2.4　西安市新城市贫困空间与城市空间耦合类型区变化

耦合度是新城市贫困空间与城市空间耦合类型区划分的最主要依据，为进一步明确西安市新城市贫困空间与城市空间耦合类型区分布规律和特征，从机制上探讨西安市新城市贫困空间与城市空间耦合格局的规律性，本书根据西安市城 6 区 53 个街道新城市贫困空间与城市空间耦合度的大小，并结合研究组对新城市贫困空间与城市空间的实际走访调研情况，借鉴前人相关研究成果，分别将 1990 年、2000 年和 2013 年 3 个时间断面西安市新城市贫困空间与城市空间耦合类型划分为高水平耦合、磨合耦合、拮抗耦合和低水平耦合 4 种类型[210-211](表 5-5、表 5-6 和表 5-7)，与之对应划分为高水平、磨合、拮抗和低水平耦合 4 种类型区 (图 5-11、图 5-12 和图 5-13)。具体划分步骤为：第 1 步，为了便于比较，本书根据研究区域的特点和所选指标的情况，采用实地深入调研获取的人均收入作为划分耦合类型的主要参考指标(主要参考西安市城 6 区街道人均收入的平均值来确定街道收入水平)，第 2 步，与图 5-8、图 5-9 和图 5-10 中的 3 个时间断面西安市新城市贫困空间与城市空间耦合度空间分布进行叠加，并结合实地调查进行合并与调整后得到最终的组合类型，并利用 ArcGIS9.3 软件绘制 3 个时间断面西安市新城市贫困空间与城市空间耦合类型区的空间分布图(图 5-11、图 5-12 和图 5-13)。

这里需要说明的是该分类是相对的，因为按照世界城市化发展规律，当人均收入超过 1000 美元，城市人口比重超过 30%的时候，城市化将进入快速成长期[209]。1990 年西安市人均 GDP 为 1732 元(按照世界银行算法约合 362 美元)，城镇总人口比重为 37.28%；1998 年西安市人均 GDP 为 8376 元(按照世界银行算法约合 1012 美元)，城镇总人口比重为 41.54%；而到了 2013 年西安市人均 GDP

为 56870 元(按照世界银行算法约合 9098 美元)，城镇总人口比重为 72.05%。1990
年西安市建成区面积为 138km²，2013 年则增加到 505km²，是 1990 年的 3.66 倍。
由此可见，西安市 1998 年已经进入快速成长期，城市化水平不断提升和城市空间
处于不断发展变化中，与此同时新城市贫困空间也在不断重构，导致新城市贫困
空间也处于动态变化中，所以新城市贫困空间与城市空间的耦合关系是不稳定的，
这也恰恰印证了新城市贫困空间与城市空间耦合的空间继承性和时间变化性。

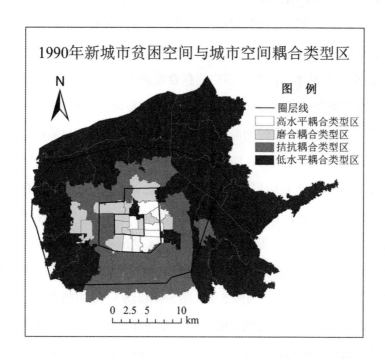

图 5-11　1990 年西安市新城市贫困空间与城市空间耦合类型区空间分布

从图 5-11 可知，1990 年西安市新城市贫困空间与城市空间耦合类型区中，
高水平耦合类型区和磨合耦合类型区基本分布于主城区之内呈现嵌套分布状态，
拮抗耦合类型区均集中分布在近郊区之内，而低水平耦合类型区分布于绕城高速
以外的远郊区。

从图 5-12 可知，2000 年西安市新城市贫困空间与城市空间耦合类型区中，
高水平耦合类型区和磨合耦合类型区向南有所扩展，高水平耦合类型区、磨合耦

合类型区和拮抗耦合类型区大多分布于近郊区之内呈现嵌套分布状态，低水平耦合类型区大多集中分布在远郊区。

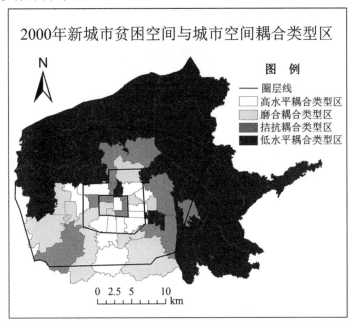

图 5-12　2000 年西安市新城市贫困空间与城市空间耦合类型区空间分布

从图 5-13 可知，2013 年西安市新城市贫困空间与城市空间耦合类型区中，水平较高的耦合类型区向南和向东有所扩展，高水平耦合区、磨合耦合类型区和拮抗耦合类型区大多分布于近郊区之内呈现嵌套分布状态，低水平耦合类型区大多集中分布在远郊区的北部，城南地区明显高于城北地区。

从总体来看，从 1990～2013 年西安市新城市贫困空间与城市空间耦合类型区的划分可以看出(表 5-5、表 5-6 和表 5-7)，在西安市城 6 区的 53 个街道，高水平耦合类型区的数量有所增加，由 1990 年的 8 个增加到 2013 年的 13 个，但也仅占总数的 24.53%，磨合耦合类型区由 1990 年的 14 个减少为 2013 年的 12 个，占总数的 22.64%，拮抗耦合类型区由 1990 年的 13 个增加到 2013 年的 17 个，占总数的 32.08%，低水平耦合类型区由 1990 年的 18 个减少到 2013 年 11 个，占总数的 20.75%。由此可见，拮抗耦合类型区和低水平耦合类型区所占比重仍然较大，对西安市新城市贫困空间与城市空间耦合系统的调控仍然比较迫切。

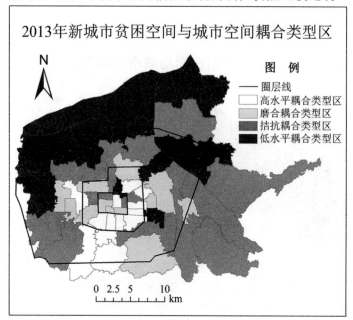

图 5-13 2013 年西安市新城市贫困空间与城市空间耦合类型区空间分布

表 5-5 1990 年西安市新城市贫困空间与城市空间耦合类型区

耦合类型区	街道数量	所含地域
高水平耦合类型区	8	太华路、胡家庙、西一路、长乐坊、东关南街、长安路、文艺路、太乙路
磨合耦合类型区	14	大明宫、红庙坡、土门、枣园、青年路、北院门、南院门、张家村、鱼化寨、柏树林、中山门、长乐西路、长乐中路、北关
拮抗耦合类型区	13	谭家、张家堡、十里铺、纺织城、大雁塔、曲江、长延堡、电子城、西关、环城西路、桃园路、小寨路、解放门
低水平耦合类型区	18	三桥、六村堡、未央宫、草滩、汉城、徐家湾、辛家庙、灞桥、韩森寨、等驾坡、丈八沟、自强路、新合、新筑、洪庆、席王、红旗、狄寨

表 5-6　2000 年西安市新城市贫困空间与城市空间耦合类型区

耦合类型区	街道数量	所含地域
高水平耦合类型区	13	红庙坡、桃园路、太华路、胡家庙、西一路、长乐坊、东关南街、太乙路、文艺路、长安路、张家村、小寨路、长延堡
磨合耦合类型区	12	西关、北院门、南院门、枣园、土门、鱼化寨、电子城、大雁塔、曲江、长乐西路、长乐中路、大明宫
拮抗耦合类型区	12	谭家、张家堡、北关、青年路、环城西路、丈八沟、中山门、解放门、柏树林、等驾坡、纺织城、十里铺
低水平耦合类型区	16	三桥、六村堡、未央宫、草滩、汉城、徐家湾、辛家庙、灞桥、韩森寨、自强路、新合、新筑、洪庆、席王、红旗、狄寨

表 5-7　2013 年西安市新城市贫困空间与城市空间耦合类型区

耦合类型区	街道数量	所含地域
高水平耦合类型区	13	长延堡、电子城、小寨路、张家村、长安路、文艺路、太乙路、东关南街、长乐坊、西一路、桃园路、胡家庙、太华路
磨合耦合类型区	12	枣园、土门、西关、红庙坡、北院门、南院门、柏树林、曲江、长乐中路、十里铺、大明宫、纺织城
拮抗耦合类型区	17	鱼化寨、丈八沟、大雁塔、等驾坡、红旗、狄寨、席王、洪庆、谭家、新筑、张家堡、未央宫、青年路、长乐西路、中山门、北关、环城西路
低水平耦合类型区	11	三桥、六村堡、草滩、汉城、徐家湾、辛家庙、灞桥、韩森寨、自强路、解放门、新合

5.2.5　西安市新城市贫困空间与城市空间耦合地域类型划分

本书运用 SPSS19.0 软件中的因子分析法和聚类分析法,结合实地调查进行综合分析,对新城市贫困空间与城市空间耦合的地域类型进行划分并利用 ArcGIS9.3 软件进行空间分析。

1. 选取主因子

对西安市新城市贫困空间与城市空间耦合系统的 42 个变量进行因子分析,本书所用1990 年、2000 年和2013 年变量的 KMO 统计量分别为0.751、0.721 和0.823,Bartlett 的球形度检验均为 Sig=0.000, 表明适合进行因子分析。

本书依据特征值＞1 并利用主成分分析法提取因子。由表 5-8 可知, 1990 年变量特征值曲线中前 6 个因子的特征值＞1,包含了全部指标的大部分信息。因此,采用主成分分析法提取了 6 个因子。据此方法,2000 年提取了 6 个因子(表 5-9) ,2013 年提取了 6 个因子(表 5-10) 。

表 5-8　1990 年西安市新城市贫困空间与城市空间耦合因子分析的特征值及方差贡献

主因子序号	未旋转			正交旋转		
	特征值	解释方差百分比(%)	解释方差累积百分比(%)	特征值	解释方差百分比(%)	解释方差累积百分比(%)
1	19.684	46.866	46.866	16.423	39.103	39.103
2	5.028	11.973	58.838	5.799	13.807	52.910
3	3.979	9.474	68.312	4.349	10.355	63.264
4	3.243	7.722	76.034	3.918	9.331	72.595
5	2.546	6.063	82.097	3.695	8.797	81.392
6	1.067	2.539	84.636	1.363	3.244	84.636

表 5-9　2000 年西安市新城市贫困空间与城市空间耦合因子分析的特征值及方差贡献

主因子序号	未旋转			正交旋转		
	特征值	解释方差百分比(%)	解释方差累积百分比(%)	特征值	解释方差百分比(%)	解释方差累积百分比(%)
1	18.454	43.937	43.937	11.01	26.214	26.214
2	5.526	13.158	57.095	8.431	20.074	46.289
3	4.094	9.746	66.841	6.275	14.941	61.230
4	3.394	8.082	74.923	4.343	10.339	71.569
5	2.535	6.036	80.959	3.658	8.709	80.278
6	1.050	2.499	83.458	1.336	3.180	83.458

表 5-10　2013 年西安市新城市贫困空间与城市空间耦合因子分析的特征值及方差贡献

主因子序号	未旋转			正交旋转		
	特征值	解释方差百分比(%)	解释方差累积百分比(%)	特征值	解释方差百分比(%)	解释方差累积百分比(%)
1	18.331	43.646	43.646	11.188	26.637	26.637
2	6.552	15.600	59.246	9.161	21.812	48.449
3	4.096	9.752	68.988	6.757	16.087	64.536
4	3.255	7.750	76.748	4.368	10.400	74.936
5	1.164	2.772	79.520	1.520	3.619	78.554
6	1.104	2.628	82.148	1.509	3.593	82.148

　　为了更好地寻求因子的意义，本书运用方差极大旋转法对初始因子载荷矩阵进行旋转，进而获得西安市新城市贫困空间与城市空间耦合的旋转因子载荷矩阵(表 5-11、表 5-12 和表 5-13)。

表 5-11　1990 年西安市新城市贫困空间与城市空间耦合旋转因子载荷矩阵

变量类型	指标变量	旋转因子载荷					
		1	2	3	4	5	6
贫困水平	X_1 贫困人口密度	0.488	0.022	0.608	0.142	0.264	-0.320
	X_2 贫困发生率	0.516	0.549	0.627	0.615	0.039	0.038
性别构成	X_3 贫困人口性别比(男/女)	-0.040	-0.132	0.198	-0.017	0.131	0.045
年龄构成	X_4 18～30 岁贫困人口	-0.144	0.056	0.922	0.074	0.049	0.044
	X_5 31～40 岁贫困人口	0.214	0.043	0.290	0.172	-0.203	0.634
	X_6 41～50 岁贫困人口	0.039	0.058	0.043	-0.045	0.208	-0.066
	X_7 51～65 岁贫困人口	0.146	0.001	-0.041	-0.080	-0.070	0.164
	X_8 65 岁以上贫困人口	0.138	-0.005	-0.082	0.857	-0.198	-0.017
户籍构成	X_9 本地贫困人口	0.902	-0.105	-0.006	0.030	0.043	0.643
	X_{10} 异地贫困人口	-0.135	0.148	0.075	-0.041	0.000	0.017
文化构成	X_{11} 小学及以下学历贫困人口	0.707	0.037	0.051	0.913	0.283	0.145
	X_{12} 初中学历贫困人口	0.875	-0.100	-0.020	-0.089	-0.153	-0.004
	X_{13} 高中学历贫困人口	-0.021	0.215	0.136	0.602	-0.285	-0.196
	X_{14} 大专及以上学历贫困人口	-0.100	0.053	-0.141	0.197	0.147	0.156
在职构成	X_{15} 农业贫困人口	0.606	-0.022	-0.045	0.924	-0.032	-0.110
	X_{16} 制造建筑业贫困人口	-0.113	0.147	0.902	-0.031	0.437	-0.033
	X_{17} 企事业单位贫困人口	-0.026	0.048	-0.120	0.295	0.057	-0.141
	X_{18} 批发零售业贫困人口	0.051	-0.022	-0.045	0.921	-0.040	-0.046
	X_{19} 商务服务业贫困人口	0.019	-0.052	0.077	-0.064	0.931	-0.096
	X_{20} 公共服务业贫困人口	0.187	-0.149	0.162	-0.264	-0.074	0.710
非在职构成	X_{21} 下岗人员	-0.013	0.885	-0.082	-0.197	0.114	-0.120
	X_{22} 失业人员	-0.207	-0.114	0.943	-0.049	0.170	-0.093

变量类型	指标变量	旋转因子载荷					
		1	2	3	4	5	6
非在职构成	X_{23} 退休贫困人口	0.107	0.620	-0.266	-0.265	-0.260	-0.242
	X_{24} 无业人员	0.630	-0.029	-0.027	-0.043	-0.012	0.865
住房构成	X_{25} 自购住房贫困人口	-0.024	0.164	0.117	0.543	0.172	-0.073
	X_{26} 租赁住房贫困人口	-0.029	0.889	-0.080	-0.093	0.621	0.043
	X_{27} 单位住房贫困人口	0.520	0.228	0.113	0.207	-0.070	0.563
	X_{28} 其他住房贫困人口	0.192	-0.341	-0.031	-0.050	-0.013	-0.025
经济效益	Y_1 财政收入	0.880	-0.025	-0.249	-0.018	-0.008	-0.229
	Y_2 人均收入	0.170	0.021	-0.171	-0.109	0.039	-0.055
	Y_3 第三产业产值比重	0.474	-0.219	-0.030	0.114	-0.204	0.078
	Y_4 固定资产投资	0.908	-0.021	-0.049	-0.222	-0.103	-0.034
社会效益	Y_5 万人医院床位	0.099	-0.136	0.533	0.217	0.058	0.115
	Y_6 人均居住面积	0.555	0.013	-0.023	0.315	0.293	0.423
	Y_7 失业率	-0.112	0.905	0.135	-0.199	0.014	-0.013
	Y_8 大专及以上学历人口比例	0.173	-0.013	0.021	-0.062	-0.128	0.070
环境效益	Y_9 API	0.614	-0.078	-0.107	0.156	0.410	-0.002
	Y_{10} 人均绿地面积	-0.251	0.506	0.175	0.186	0.217	0.062
	Y_{11} 环境噪声	0.083	0.059	-0.014	0.047	0.035	-0.151
空间效益	Y_{12} 地均财政收入	0.915	0.036	0.021	-0.108	0.229	0.035
	Y_{13} 地均第三产业产值	0.190	-0.110	-0.060	0.078	-0.124	0.017
	Y_{14} 地均固定资产投资	0.913	0.039	0.323	-0.110	0.234	0.033

表 5-12　2000 年西安市新城市贫困空间与城市空间耦合旋转因子载荷矩阵

变量类型	指标变量	旋转因子载荷					
		1	2	3	4	5	6
贫困水平	X_1 贫困人口密度	0.502	−0.023	0.487	0.199	−0.109	0.112
	X_2 贫困发生率	0.567	0.045	0.374	0.566	0.516	0.017
性别构成	X_3 贫困人口性别比(男/女)	−0.025	0.018	−0.275	0.379	0.059	0.877
年龄构成	X_4 18～30 岁贫困人口	−0.061	0.857	−0.132	0.590	−0.076	−0.146
	X_5 31～40 岁贫困人口	0.869	−0.088	−0.091	−0.032	0.616	0.633
	X_6 41～50 岁贫困人口	−0.045	0.164	−0.004	0.103	0.268	0.078
	X_7 51～65 岁贫困人口	0.531	−0.035	0.905	0.463	−0.237	−0.101
	X_8 65 岁以上贫困人口	−0.046	−0.201	0.866	−0.078	0.494	0.166
户籍构成	X_9 本地贫困人口	0.399	−0.091	0.088	0.184	0.589	−0.005
	X_{10} 异地贫困人口	−0.010	0.929	0.019	−0.145	−0.101	0.043
文化构成	X_{11} 小学及以下学历贫困人口	−0.223	0.098	0.933	−0.141	−0.280	0.141
	X_{12} 初中学历贫困人口	0.051	0.445	−0.016	0.915	0.014	−0.076
	X_{13} 高中学历贫困人口	−0.002	−0.019	−0.346	0.064	0.945	0.414
	X_{14} 大专及以上学历贫困人口	0.873	−0.025	−0.205	−0.118	−0.207	−0.029
在职构成	X_{15} 农业贫困人口	−0.208	−0.087	0.898	0.264	0.060	−0.211
	X_{16} 制造建筑业贫困人口	−0.116	0.329	0.869	−0.380	0.203	0.171
	X_{17} 企事业单位贫困人口	0.887	−0.081	−0.065	0.329	0.484	−0.064
	X_{18} 批发零售业贫困人口	0.047	−0.108	0.873	0.121	−0.259	−0.042
	X_{19} 商务服务业贫困人口	0.874	0.444	−0.191	0.177	−0.260	0.501
	X_{20} 公共服务业贫困人口	−0.077	−0.045	0.031	0.903	−0.047	0.103
非在职构成	X_{21} 下岗人员	−0.266	−0.079	0.394	−0.152	0.012	−0.056
	X_{22} 失业人员	−0.214	−0.024	−0.117	0.403	0.985	−0.029

续表

变量类型	指标变量	旋转因子载荷					
		1	2	3	4	5	6
非在职构成	X_{23} 退休贫困人口	-0.007	0.072	-0.042	0.104	0.469	-0.062
	X_{24} 无业人员	0.419	0.898	-0.210	-0.077	-0.022	0.380
住房构成	X_{25} 自购住房贫困人口	0.092	-0.102	-0.028	0.353	0.521	0.541
	X_{26} 租赁住房贫困人口	-0.313	0.436	0.107	-0.131	-0.034	0.375
	X_{27} 单位住房贫困人口	0.137	-0.054	0.076	-0.241	-0.119	-0.097
	X_{28} 其他住房贫困人口	-0.038	0.192	0.004	0.045	-0.206	-0.225
经济效益	Y_1 财政收入	-0.038	0.189	0.243	0.006	-0.036	-0.032
	Y_2 人均收入	-0.127	0.903	-0.077	0.154	0.669	-0.047
	Y_3 第三产业产值比重	0.314	0.066	-0.058	-0.195	-0.185	0.678
	Y_4 固定资产投资	-0.037	0.192	0.038	0.319	-0.023	-0.038
社会效益	Y_5 万人医院床位	0.238	0.071	0.521	-0.002	-0.335	0.150
	Y_6 人均居住面积	-0.066	0.194	-0.027	0.462	-0.133	-0.029
	Y_7 失业率	-0.182	0.957	-0.098	-0.137	0.629	-0.160
	Y_8 大专及以上学历人口比例	0.112	-0.084	-0.050	0.329	0.088	-0.027
环境效益	Y_9 API	0.411	-0.002	0.338	-0.139	-0.247	-0.160
	Y_{10} 人均绿地面积	-0.156	0.084	-0.021	-0.217	-0.248	0.029
	Y_{11} 环境噪声	0.119	0.038	0.355	-0.099	-0.061	0.005
空间效益	Y_{12} 地均财政收入	0.141	0.023	0.431	0.472	0.706	0.011
	Y_{13} 地均第三产业产值	0.506	0.168	-0.011	-0.068	-0.042	0.018
	Y_{14} 地均固定资产投资	0.140	0.023	0.032	0.178	0.709	0.011

表 5-13　2013 年西安市新城市贫困空间与城市空间耦合旋转因子载荷矩阵

变量类型	指标变量	旋转因子载荷					
		1	2	3	4	5	6
贫困水平	X_1 贫困人口密度	0.171	0.505	-0.137	-0.206	0.550	0.023
	X_2 贫困发生率	0.141	0.635	0.013	0.605	0.624	0.638
性别构成	X_3 贫困人口性别比(男/女)	-0.038	-0.230	0.880	0.160	-0.147	-0.056
年龄构成	X_4 18~30 岁贫困人口	0.870	-0.095	-0.015	-0.169	0.021	0.131
	X_5 31~40 岁贫困人口	-0.049	0.206	-0.201	0.890	-0.109	0.085
	X_6 41~50 岁贫困人口	0.377	-0.102	-0.051	0.597	-0.093	-0.256
	X_7 51~65 岁贫困人口	0.139	0.257	0.405	-0.145	0.194	0.110
	X_8 65 岁以上贫困人口	-0.057	0.194	0.033	-0.113	-0.098	-0.430
户籍构成	X_9 本地贫困人口	0.049	0.391	0.076	-0.188	0.095	0.092
	X_{10} 异地贫困人口	0.907	-0.051	-0.073	0.424	-0.382	-0.047
文化构成	X_{11} 小学及以下学历贫困人口	0.267	0.115	-0.054	-0.109	-0.071	-0.528
	X_{12} 初中学历贫困人口	0.313	0.319	-0.047	0.486	0.188	0.105
	X_{13} 高中学历贫困人口	0.067	0.303	0.419	-0.024	-0.038	-0.246
	X_{14} 大专及以上学历贫困人口	0.126	-0.036	0.026	0.442	-0.445	0.055
在职构成	X_{15} 农业贫困人口	-0.042	0.174	-0.136	-0.118	-0.032	-0.264
	X_{16} 制造建筑业贫困人口	0.184	0.039	-0.299	0.031	-0.345	-0.280
	X_{17} 企事业单位贫困人口	-0.098	0.129	-0.101	0.146	-0.188	-0.057
	X_{18} 批发零售业贫困人口	-0.003	-0.108	-0.003	-0.048	0.870	-0.079
	X_{19} 商务服务业贫困人口	-0.124	0.105	-0.175	0.921	0.042	0.912
	X_{20} 公共服务业贫困人口	0.860	-0.159	0.503	-0.123	0.036	-0.145
非在职构成	X_{21} 下岗人员	-0.061	0.122	0.020	0.445	0.170	-0.016
	X_{22} 失业人员	0.015	-0.038	0.011	0.705	-0.086	0.935

续表

变量类型	指标变量	旋转因子载荷					
		1	2	3	4	5	6
非在职构成	X_{23} 退休贫困人口	0.020	−0.209	0.889	−0.113	−0.222	−0.402
	X_{24} 无业人员	0.857	−0.194	0.048	−0.026	−0.145	−0.013
住房构成	X_{25} 自购住房贫困人口	−0.161	0.113	0.347	0.374	0.098	0.354
	X_{26} 租赁住房贫困人口	0.364	−0.359	−0.069	0.294	−0.374	−0.101
	X_{27} 单位住房贫困人口	0.362	0.194	−0.062	−0.091	0.082	0.410
	X_{28} 其他住房贫困人口	0.091	−0.094	0.125	−0.142	−0.013	0.146
经济效益	Y_1 财政收入	0.014	−0.142	0.859	−0.176	0.129	−0.119
	Y_2 人均收入	−0.005	−0.040	0.124	0.172	−0.183	0.305
	Y_3 第三产业产值比重	−0.007	−0.025	0.077	0.332	−0.365	0.156
	Y_4 固定资产投资	−0.093	0.051	0.191	−0.062	0.153	0.170
社会效益	Y_5 万人医院床位	0.057	0.280	0.536	−0.136	−0.213	0.099
	Y_6 人均居住面积	0.073	0.048	−0.015	−0.393	0.027	−0.047
	Y_7 失业率	0.360	−0.224	0.856	0.899	0.010	−0.174
	Y_8 大专及以上学历人口比例	0.266	0.197	−0.012	0.702	−0.093	0.235
环境效益	Y_9API	−0.059	0.182	−0.003	−0.052	0.171	−0.001
	Y_{10} 人均绿地面积	0.400	−0.062	−0.288	−0.280	−0.105	0.126
	Y_{11} 环境噪声	0.208	0.041	0.118	0.078	0.429	−0.116
空间效益	Y_{12} 地均财政收入	0.099	0.869	−0.064	−0.169	−0.080	0.422
	Y_{13} 地均第三产业产值	0.106	−0.110	0.874	−0.079	0.317	−0.017
	Y_{14} 地均固定资产投资	0.083	0.891	−0.287	−0.261	−0.062	0.378

2．主因子的空间分布特征

(1) 1990 年主因子的空间分布特征。

a.第一主因子为经济因素和低文化素质的本地贫困人口，该因子方差贡献率达到 46.866%。该因子与文化构成中的初中学历贫困人口和户籍构成中的本地贫困人口呈高度正相关，另外该因子还与经济效益中的财政收入、固定资产投资和空间效益中的地均财政收入、地均固定资产投资呈高度正相关(表 5-11)。从新城市贫困空间与城市空间耦合主因子得分分布图(图 5-14a) 可以看出，该因子得分较高的区域包括西一路、太乙路、桃园路、红庙坡、小寨路、长安路、解放门、中山门、长乐西路、长乐中路、东关南街、胡家庙、长乐坊、纺织城、新筑、新合、徐家湾和灞桥等街道。

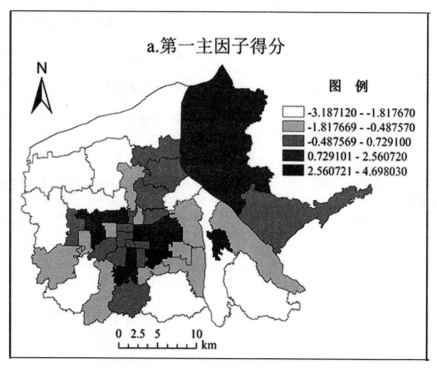

图 5-14a

b.第二主因子为租赁住房贫困人口和下岗人员，该因子方差贡献率为

11.973%。该因子与非在职构成中的下岗人员、社会效益中的失业率和住房构成中的租赁住房贫困人口呈高度正相关(表 5-11)。从新城市贫困空间与城市空间耦合主因子得分分布图(图 5-14b) 可以看出，该因子得分较高的区域包括三桥、枣园、张家村、电子城、太乙路、韩森寨、长乐西路、自强路、纺织城、洪庆、席王、狄寨、土门、长延堡、草滩、徐家湾、张家堡、胡家庙、长乐中路、柏树林和西一路等街道。

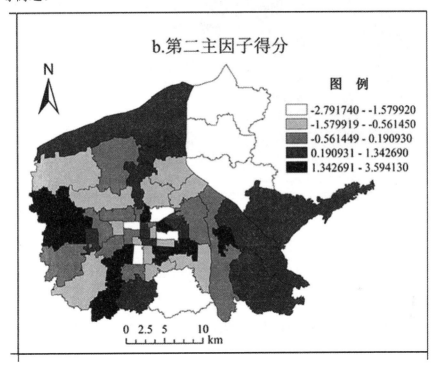

图　5-14b

c.第三主因子为年轻的建筑制造业贫困人口和失业人员，该因子方差贡献率为 9.474%。该因子与年龄构成中的 18～30 岁贫困人口、在职构成中的建筑制造业贫困人口和非在职构成中的失业人员呈高度正相关(表 5-11)。从新城市贫困空间与城市空间耦合主因子得分分布图(图 5-14c) 可以看出，该因子得分较高的区域包括小寨路、丈八沟、柏树林、文艺路、枣园、长乐中路、韩森寨、胡家庙、三桥和草滩等街道。

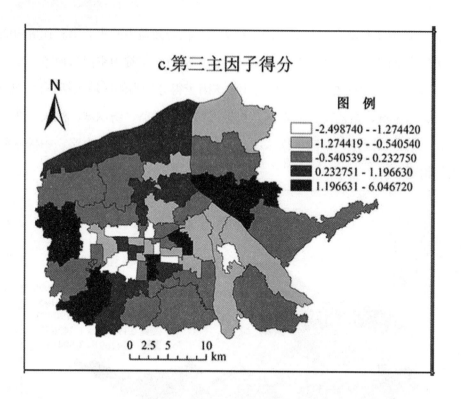

图 5-14c

d.第四主因子为年龄较大的低文化素质体力劳动贫困人口,该因子方差贡献率为7.722%。该因子与年龄构成中的65岁以上贫困人口、文化构成中的小学及以下学历贫困人口和在职构成中的农业贫困人口、批发零售业贫困人口呈高度正相关,表明该因子多为从事农业、批发零售业的体力劳动者(表 5-11) 。从新城市贫困空间与城市空间耦合主因子得分分布图(图 5-14d) 可以看出,该因子得分较高的区域包括南院门、徐家湾、新合、洪庆、长乐西路、柏树林、土门、西关、丈八沟、文艺路、太乙路、曲江、长延堡、小寨路、鱼化寨、电子城和张家村等街道。

e.第五主因子为商务服务业贫困人口,该因子方差贡献率为6.063%。该因子与在职构成中的商务服务业贫困人口呈高度正相关(表 5-11) 。从新城市贫困空间与城市空间耦合主因子得分分布图(图 5-14e) 可以看出,该因子得分较高的区域包括西一路、解放门、南院门、张家村、谭家、灞桥、徐家湾、大明宫、长乐中路、十里铺、北关、丈八沟、电子城、曲江和狄寨等街道。

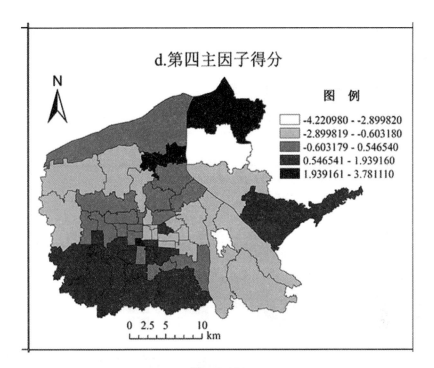

图　5-14d

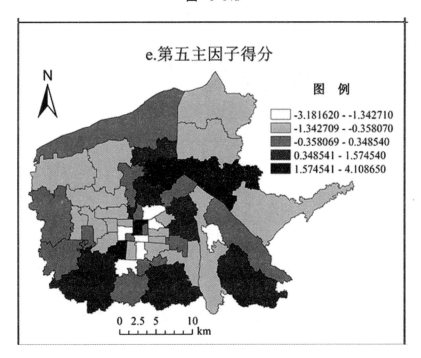

图　5-14e

f.第六主因子为无业人员,该因子方差贡献率为 2.539%。该因子与非在职构成中的无业人员呈高度正相关(表 5-11) 。从新城市贫困空间与城市空间耦合主因子得分分布图(图 5-14f) 可以看出,该因子得分较高的区域包括中山门、柏树林、长延堡、曲江、小寨路、张家村、文艺路、太乙路、东关南街、韩森寨、谭家、席王和徐家湾等街道。

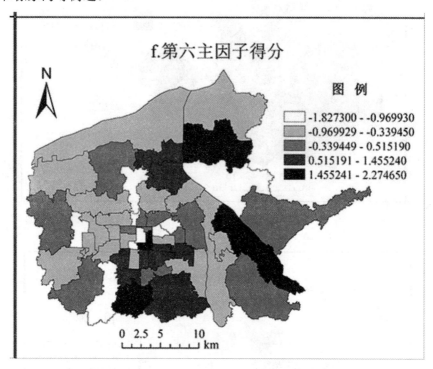

f.第六主因子得分

图 例

☐ -1.827300 - -0.969930
▨ -0.969929 - -0.339450
▨ -0.339449 - 0.515190
▨ 0.515191 - 1.455240
■ 1.455241 - 2.274650

0 2.5 5   10
km

图　5-14f

(2) 2000 年主因子的空间分布特征。

a.第一主因子为年轻高学历的脑力劳动贫困人口,该因子方差贡献率达到 43.937%。该因子与年龄构成中的 31～40 岁贫困人口、文化构成中的大专及以上学历贫困人口和在职构成中的企事业单位、商务服务业贫困人口呈高度正相关,表明该因子多具有较高学历,且多从事脑力劳动(表 5-12) 。从新城市贫困空间与城市空间耦合主因子得分分布图(图 5-15a) 可以看出,该因子得分较高的区域包括柏树林、张家村、胡家庙、中山门、文艺路、大雁塔、南院门、北院门、西一路、青年路、北关、解放门、长乐西路、长乐中路、东关南街和长乐坊等街道。

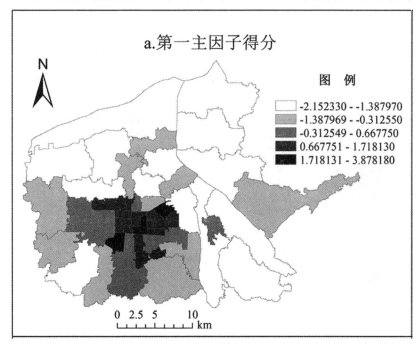

图　5-15a

b.第二主因子为社会经济因素和年轻异地无业人员，该因子方差贡献率为13.158%。该因子与经济效益中的人均收入和社会效益中的失业率、年龄构成中的18～30岁贫困人口、户籍构成中的异地贫困人口和非在职构成中的无业人员呈高度正相关(表5-12)。从新城市贫困空间与城市空间耦合主因子得分分布图(图5-15b)可以看出，该因子得分较高的区域包括大明宫、张家堡、三桥、太乙路、席王、十里铺、谭家、长延堡、文艺路、太华路、西一路、红庙坡和桃园路等街道。

c.第三主因子为年龄较大的低学历体力劳动贫困人口，该因子方差贡献率为9.746%。该因子与年龄构成中的51～65岁以及65岁以上贫困人口、文化构成中的小学及以下学历贫困人口、在职构成中的农业贫困人口、建筑制造业贫困人口和批发零售业贫困人口呈高度正相关(表5-12)。从新城市贫困空间与城市空间耦合主因子得分分布图(图5-15c)可以看出，该因子得分较高的区域包括电子城、徐家湾、太乙路、纺织城和新合等街道。

137

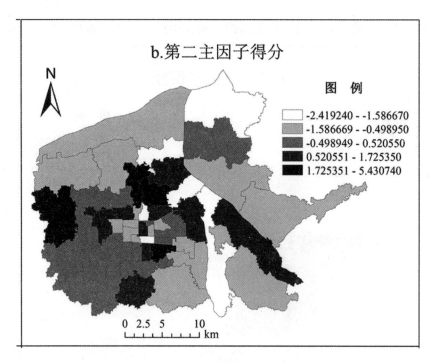

图 5-15b

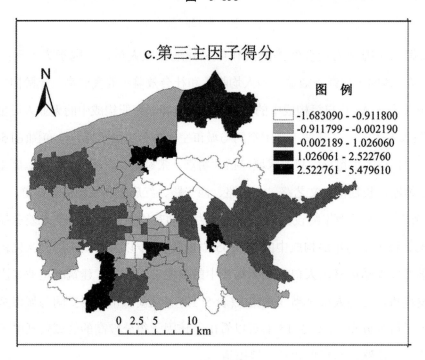

图 5-15c

d.第四主因子为低学历的公共服务业贫困人口,该因子方差贡献率为8.082%。该因子与文化构成中的初中学历贫困人口、在职构成中的公共服务业贫困人口呈高度正相关(表 5-12) 。从新城市贫困空间与城市空间耦合主因子得分分布图(图 5-15d) 可以看出,该因子得分较高的区域包括洪庆、新合、长延堡、三桥、解放门、中山门、长乐中路、胡家庙、纺织城、大明宫和新筑等街道。

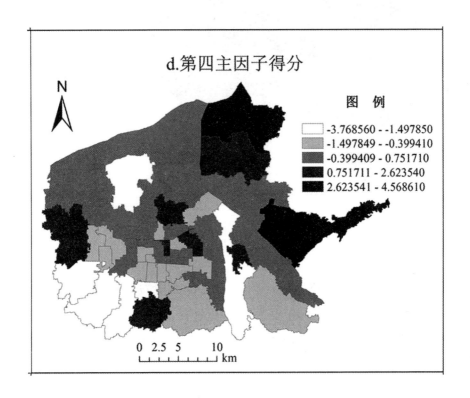

图　5-15d

e.第五主因子为高中学历的失业人员,该因子方差贡献率为6.036%。该因子与文化构成中的高中学历贫困人口、非在职构成中的失业人员呈高度正相关(表5-12) 。从新城市贫困空间与城市空间耦合主因子得分分布图(图 5-15e) 可以看出,该因子得分较高的区域包括小寨路、柏树林、东关南街、太乙路、北院门、长乐中路、胡家庙、纺织城、灞桥、辛家庙、大明宫和汉城等街道。

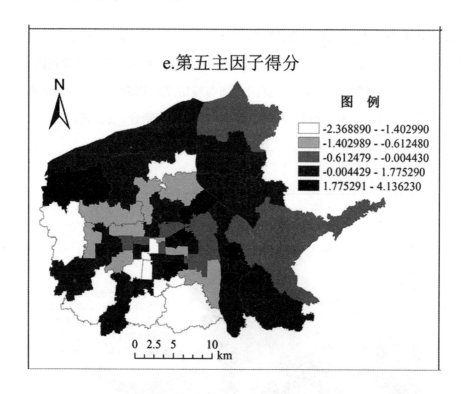

图　5-15e

f.第六主因子为男性贫困人口，该因子方差贡献率为 2.499%。该因子与性别构成中的贫困人口性别比(男/女) 呈高度正相关(表 5-12) 。从新城市贫困空间与城市空间耦合主因子得分分布图(图 5-15f) 可以看出，该因子得分较高的区域包括环城西路、电子城、曲江、文艺路、太乙路、西一路、中山门、长乐西路、胡家庙和灞桥等街道。

(3) 2013 年主因子的空间分布特征。

a.第一主因子为年轻的异地公共服务业贫困人口和无业人员，该因子方差贡献率达到43.646%。该因子与年龄构成中的18～30 岁贫困人口、户籍构成中的异地贫困人口、在职构成中的公共服务业贫困人口和非在职构成中的无业人员呈高度正相关(表 5-13) 。从新城市贫困空间与城市空间耦合主因子得分分布图(图 5-16a) 可以看出，该因子得分较高的区域包括太乙路、丈八沟、三桥、草滩、长延堡、十里铺、张家堡和席王等街道。

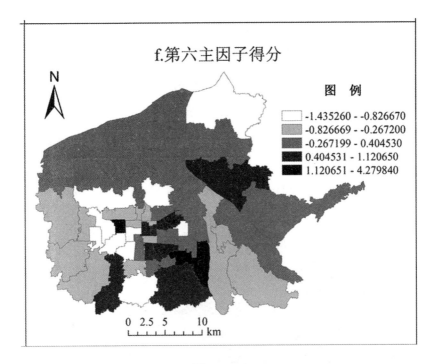

图　5-15f

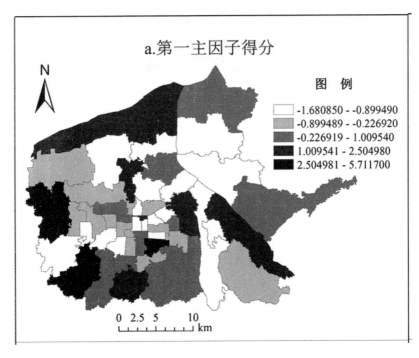

图　5-16a

b.第二主因子为空间效益，该因子方差贡献率为 15.600%。该因子与空间效益中的地均财政收入、地均固定资产投资呈高度正相关(表 5-13) 。从新城市贫困空间与城市空间耦合主因子得分分布图(图 5-16b) 可以看出，该因子得分较高的区域包括解放门、电子城、纺织城、太乙路、张家村、柏树林、南院门、北院门、环城西路、青年路、西一路、中山门、北关、自强路和徐家湾等街道。

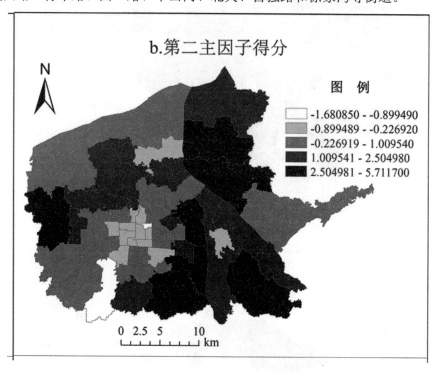

图　5-16b

c.第三主因子为经济社会因素与男性退休贫困人口，该因子方差贡献率为 9.752%。该因子与经济效益中的财政收入、社会效益中的失业率、空间效益中的地均第三产业产值、性别构成中的贫困人口性别比和非在职构成中的退休贫困人口呈高度正相关(表 5-13) 。从新城市贫困空间与城市空间耦合主因子得分分布图(图 5-16c) 可以看出，该因子得分较高的区域包括红庙坡、十里铺、小寨路、纺织城、长延堡、电子城、张家村、长安路、文艺路、韩森寨、东关南街、长乐坊、长乐西路、长乐中路、胡家庙、西一路、桃园路、枣园、灞桥和草滩等街道。

142

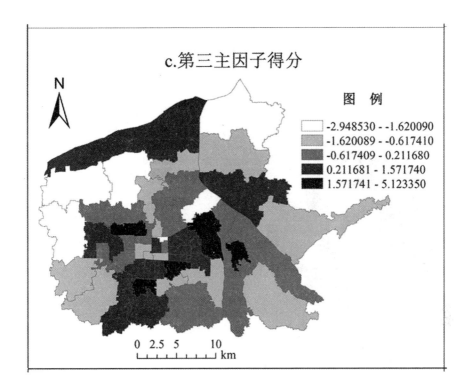

图　5-16c

　　d.第四主因子为年轻的商务服务业贫困人口和失业人口,该因子方差贡献率为7.750%。该因子与社会效益中的失业率、在职构成中的商务服务业贫困人口和年龄构成中的31～40岁贫困人口呈高度正相关(表 5-13) 。从新城市贫困空间与城市空间耦合主因子得分分布图(图 5-16d) 可以看出,该因子得分较高的区域包括张家堡、张家村、三桥、辛家庙、桃园路、太华路、北院门、电子城、长乐西路、长乐中路、韩森寨、太乙路、纺织城、长延堡、大雁塔和六村堡等街道。

　　e.第五主因子为批发零售业贫困人口,该因子方差贡献率为2.772%。该因子与在职构成中的批发零售业贫困人口呈高度正相关(表 5-13) 。从新城市贫困空间与城市空间耦合主因子得分分布图(图 5-16e) 可以看出,该因子得分较高的区域包括未央宫、枣园、红庙坡、桃园路、西关、新合、洪庆、狄寨、纺织城、长延堡、张家村、北院门、环城西路、三桥、北关、柏树林和徐家湾等街道。

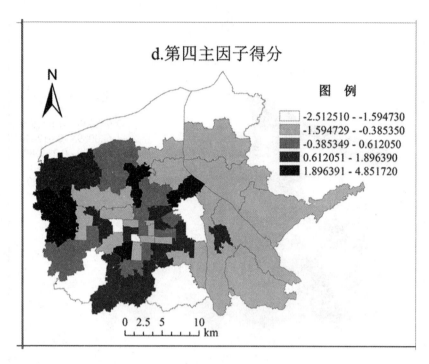

图 5-16d

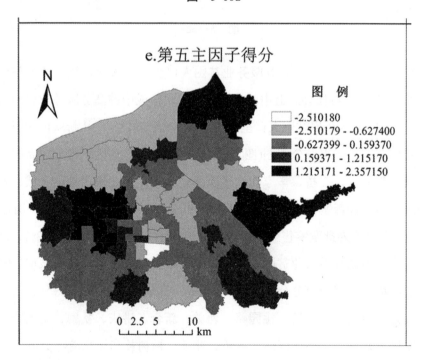

图 5-16e

f.第六主因子为商务服务业贫困人口和失业人员，该因子方差贡献率为
2.628%。该因子与在职构成中的商务服务业贫困人口和非在职构成中的失业人员
呈高度正相关(表 5-13) 。从新城市贫困空间与城市空间耦合主因子得分分布图
(图 5-16f) 可以看出，该因子得分较高的区域包括谭家、小寨路、长延堡、曲江、
长安路、柏树林、青年路、鱼化寨、三桥、未央宫、六村堡、草滩、辛家庙和灞
桥等街道。

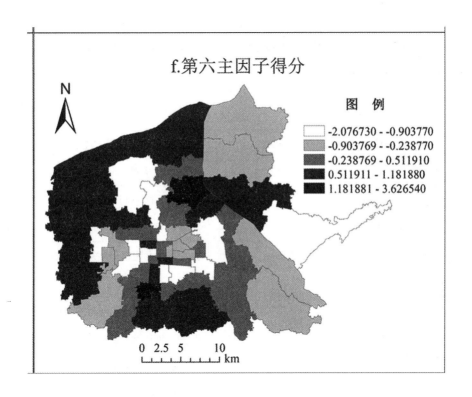

图　5-16f

3.耦合的地域类型

本书分别以 1990 年、2000 年和 2013 年 6 个主因子在 53 个街道的得分作为
基本数据矩阵，借助 SPSS19.0 软件运用聚类分析法对西安市新城市贫困空间与城
市空间耦合地域类型进行划分。通过对 SPSS19.0 中几种聚类方法生成的树状聚类

图进行分析比较发现利用平均联接(组间) 聚类法将 1990 年、2000 年和 2013 年西安市新城市贫困空间与城市空间耦合地域类型均划分为 6 类，并通过进一步计算 3 个时间断面各种类型的主因子得分平均值，判断各区域特征，同时，结合实地调研结果将其分别命名(表 5-14、表 5-15 和表 5-16) 。利用 ArcGIS9.3 软件绘制 1990 年、2000 年和 2013 年西安市新城市贫困空间与城市空间耦合地域类型空间分布图(图 5-17、图 5-18 和图 5-19) 。

表 5-14　1990 年西安市新城市贫困空间与城市空间耦合的地域类型

耦合地域类型	街道数量	所含街道
城市空间综合效益较高的低文化素质本地贫困人口集聚区	6	长乐坊、东关南街、太乙路、长安路、西一路、太华路
城市空间综合效益高的建筑制造业贫困人口和失业人员集聚区	6	文艺路、胡家庙、北院门、长乐中路、红庙坡、桃园路
城市空间综合效益中等的商务服务业贫困人口集聚区	7	张家村、大明宫、北关、解放门、十里铺、谭家、长延堡
城市空间综合效益低的年龄较大的低文化素质体力劳动贫困人口集聚区	13	南院门、土门、长乐西路、大雁塔、曲江、西关、鱼化寨、洪庆、新合、徐家湾、狄寨、灞桥、辛家庙
城市空间综合效益低的无业人员集聚区	13	小寨路、柏树林、青年路、中山门、席王、新筑、未央宫、等驾坡、丈八沟、六村堡、汉城、草滩、环城西路
城市空间综合效益较低的下岗人员集聚区	8	纺织城、红旗、三桥、韩森寨、自强路、电子城、枣园、张家堡

表 5-15　2000 年西安市新城市贫困空间与城市空间耦合的地域类型

耦合地域类型	街道数量	所含街道
城市空间综合效益较高的年轻企事业单位贫困人口集聚区	11	青年路、北院门、北关、枣园、长乐中路、长乐西路、长乐坊、东关南街、张家村、大雁塔、南院门
城市空间综合效益较高的年轻异地无业人员集聚区	8	太乙路、文艺路、红庙坡、西一路、太华路、大明宫、丈八沟、徐家湾
城市空间综合效益高的低文化素质体力劳动贫困人口集聚区	12	桃园路、长延堡、小寨路、胡家庙、长安路、鱼化寨、等驾坡、曲江、环城西路、电子城、西关、土门
城市空间综合效益中等的年轻商务服务业贫困人口集聚区	6	柏树林、中山门、十里铺、张家堡、谭家、未央宫
城市空间综合效益低的年龄较大下岗人员集聚区	4	解放门、纺织城、席王、三桥
城市空间综合效益较低的农业贫困人口和公共服务业贫困人口集聚区	12	洪庆、新筑、新合、草滩、自强路、红旗、狄寨、辛家庙、六村堡、汉城、韩森寨、灞桥

表 5-16　2013 年西安市新城市贫困空间与城市空间耦合的地域类型

耦合地域类型	街道数量	所含街道
城市空间综合效益较高的公共服务业贫困人口和无业人员集聚区	11	太乙路、十里铺、长延堡、张家村、太华路、桃园路、电子城、南院门、北院门、西一路、胡家庙
城市空间综合效益高的商务服务业贫困人口和失业人员集聚区	11	纺织城、小寨路、曲江、长安路、大明宫、大雁塔、土门、长乐中路、长乐西路、西关、枣园

续表

耦合地域类型	街道数量	所含街道
城市空间综合效益高的退休贫困人口集聚区	4	长乐坊、东关南街、文艺路、红庙坡
城市空间综合效益中等的年轻异地无业人员集聚区	5	席王、柏树林、青年路、北关、环城西路
城市空间综合效益低的商务服务业贫困人口和失业人员集聚区	12	丈八沟、中山门、解放门、六村堡、辛家庙、自强路、徐家湾、张家堡、鱼化寨、等驾坡、韩森寨、三桥
城市空间综合效益较低的农业贫困人口和公共服务业贫困人口集聚区	10	红旗、洪庆、狄寨、新筑、未央宫、汉城、新合、灞桥、谭家、草滩

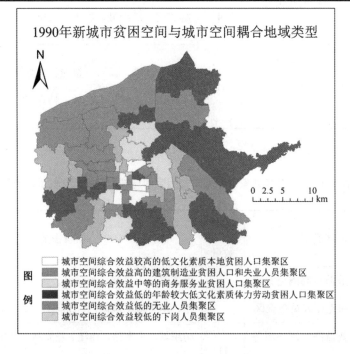

图 5-17　1990 年西安市新城市贫困空间与城市空间耦合的地域类型

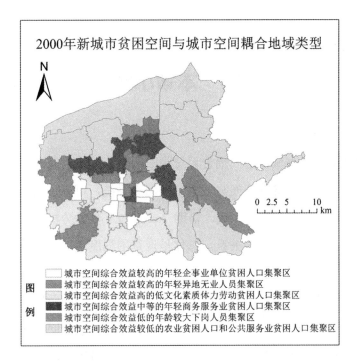

图 5-18　2000 年西安市新城市贫困空间与城市空间耦合的地域类型

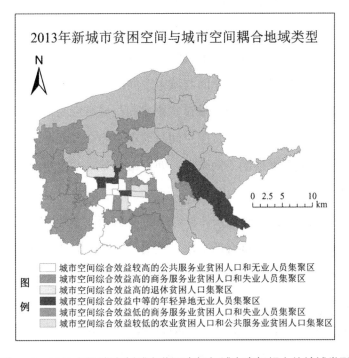

图 5-19　2013 年西安市新城市贫困空间与城市空间耦合的地域类型

5.3 本章小结

新城市贫困空间与城市空间耦合系统是一个复杂系统，组成复杂多样，从某种程度上来看，新城市贫困空间与城市空间两大系统，可以抽象地看作是"人—新城市贫困群体"和"城"的系统。借助 ArcGIS9.3 软件分析新城市贫困程度与城市空间发展水平的时空耦合关系，总体呈现贫困程度越重的街道综合效益越低的特征。

从系统分析的角度出发，以西安市 53 个街道空间单元的新城市贫困空间系统的 28 个指标和城市空间系统的 14 个指标构建新城市贫困空间与城市空间定量测度指标体系，利用灰色关联分析方法对西安市新城市贫困空间与城市空间耦合进行定量测度。通过计算得到 1990 年、2000 年和 2013 年两个系统各指标之间的关联度均在 0.70 以上，属于较高关联，说明新城市贫困空间系统与城市空间系统的耦合关系非常密切，两个系统交互耦合作用比较明显。

通过构建西安市新城市贫困空间与城市空间的耦合度模型进行计算得到的耦合度可知，1990～2013 年西安市新城市贫困空间与城市空间耦合度值呈现波动性特征，一方面表明西安市新城市贫困空间与城市空间交互耦合的紧密性，另一方面也表明在西安市城市发展的不同阶段，西安市新城市贫困空间与城市空间耦合程度均存在较大差别。

本书按照系统分析的思路，在计算得出的 1990 年、2000 年和 2013 年西安市新城市贫困空间与城市空间耦合的关联系数的基础上，对关联度进行平均值计算和简单排序，进一步揭示出新城市贫困空间与城市空间两个系统彼此相互影响的主要因素和次要因素。从中发现 1990 年、2000 年和 2013 年西安市城市空间系统对新城市贫困空间产生影响的过程中，均是经济效益和社会效益对新城市贫困空间系统的作用较为明显；1990 年、2000 年和 2013 年西安市新城市贫困空间系统对城市空间产生影响的过程中，均是贫困水平对城市空间系统的作用较为明显。1990 年、2000 年和 2013 年新城市贫困空间系统中的文化构成、职业构成与城市空间系统也具有较强的关联性。

利用 ArcGIS9.3 软件对西安市新城市贫困空间与城市空间耦合度在地图上呈现，发现新城市贫困空间与城市空间耦合度的空间演变呈现以下特征：1990～2013 年西安市新城市贫困空间与城市空间耦合度呈现"圈层放射"态势，空间分布上呈现非均质特征。沿圈层向外新城市贫困空间与城市空间耦合度呈现增高态势，城南地区明显低于城北地区。从 1990～2013 年西安市新城市贫困空间与城市空间耦合类型区的划分可以看出，在西安市城 6 区的 53 个街道中，高水平耦合类型区的数量有所增加，但拮抗耦合类型区和低水平耦合类型区所占比重仍然较大。因此，西安市新城市贫困空间与城市空间耦合系统调控形势仍然比较迫切。

通过提取了反映西安市新城市贫困空间结构的 28 个变量和西安市城市空间发展水平的 14 个变量构建了西安市新城市贫困空间与城市空间耦合定量测度指标体系。将因子分析提取的 3 个时间断面的 6 个主因子在 53 个街道的得分作为基本数据矩阵，运用聚类分析法对西安市新城市贫困空间与城市空间耦合地域类型进行划分，将 1990 年、2000 年和 2013 年西安市新城市贫困空间与城市空间耦合地域类型均划分为 6 类，并通过进一步计算 3 个时间断面各种类型的主因子得分平均值，判断各区域特征，并结合实地调研结果将其分别命名，3 个时间断面耦合地域类型差异较大。

第6章 西安市新城市贫困空间与城市空间耦合机制

由于多种因素共同作用于西安市新城市贫困空间系统与城市空间系统，这些因素在相互作用之后形成的合力作用于城市空间上，体现为新城市贫困空间与城市空间耦合格局的分异。本书认为西安市新城市贫困空间与城市空间耦合格局的分异主要是经济发展、社会结构、体制改革和城市规划等因素形成合力后共同作用的结果(图6-1)。

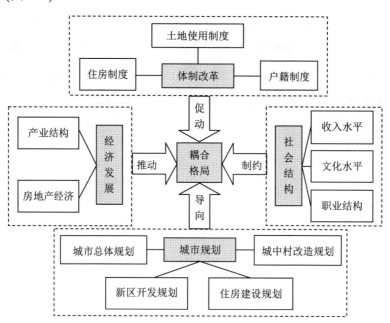

图6-1 西安市新城市贫困空间与城市空间耦合机制

6.1 经济发展的推动作用

6.1.1 产业结构调整导致就业问题凸显

西安市 1990 年国民生产总值为 116.51 亿元，2012 年为 4 366.10 亿元，增长了 37.47 倍。1990 年三次产业比例为 11.96∶43.05∶44.99，2012 年为 4.48∶43.10∶52.42，可见三次产业中第三产业产值所占比例近些年一直保持在 50%以上(图6-2)，表明第三产业发展迅速，对经济的拉动作用非常明显。

从近年来西安市三次产业的就业结构变化来看，第一产业就业比重相比 1990 年不断下降，1990 年为 43.62%，2000 年这一比例为 37.79%，而到了 2012 年这一比例变为 22.33%；但与此同时，第三产业就业比重持续增长，1990 年为 25.27%，2000 年为 34.65%，2012 年已经达到 46.12%(图6-3)，表明第三产业的就业拉动能力有所提升。

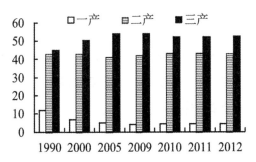

图 6-2 西安市三次产业结构变化

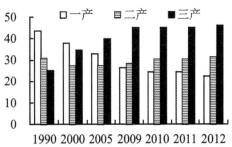

图 6-3 西安市三次产业就业结构变化

[资料来源：《西安统计年鉴》(1991-2013)]

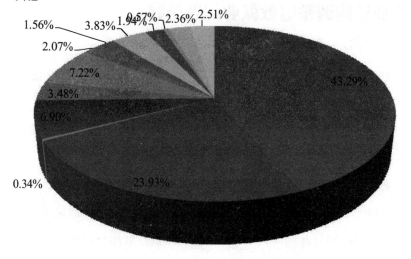

图 6-4   1990 年西安市行业人口结构

[资料来源:《西安统计年鉴》(1991)]

从行业人口结构变化来看,1990 年农林牧渔水利业人口比重占所有行业人口 43.29%(图 6-4) ,2000 年这一比重下降到 38%(图 6-4) ,到 2012 年,这一比重已经下降到 22.33%(图 6-5) ,制造业比重下降幅度也很大,而批发零售业、住宿和和餐饮业、社会服务业、金融保险业、教育文化等行业从业人口比重明显上升(图 6-5 和图 6-6) 。

从总体来看,产业结构的转变表现为第一产业比重迅速下降,制造业产业结构的转型,第三产业的快速发展及就业拉动能力的不断提高,这种转型促使西安市大量国有企业被迫进行改制,不断调整产业结构,进而导致大规模人员下岗失业,而下岗失业人员大多人口素质相对较低,不利于产业结构的调整以及技术传播和信息交流[212]，致使再就业非常困难，加上其他相关改革滞后，导致这部分人员生活困难[83]。

■农林牧渔业　　　　　　　　　　　■采掘业
■制造业　　　　　　　　　　　　　■电力、煤气及水的生产和供应业
■建筑业　　　　　　　　　　　　　■地质勘查业、水利管理业
■交通运输、仓储及邮电通信业　　　■批发和零售贸易、餐饮业
■金融、保险业　　　　　　　　　　■房地产业
■社会服务业　　　　　　　　　　　■卫生、体育和社会福利业
■教育文化和广播影视业　　　　　　■科学研究和综合技术服务业
■国家机关、政党和社会团体　　　　■其他行业

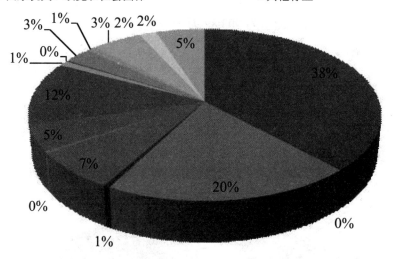

图 6-5　2000 年西安市行业人口结构

[资料来源：《西安统计年鉴》(2001)]

6.1.2　房地产经济促使居住空间多元化

转型期由于经济利益的驱使，西安市房地产经济发展速度逐渐加快，自 1992 年以来，西安市房地产业受本地经济环境的影响，经历了一个从市场初步启动到相对高速发展的过程，由于西安市房地产市场和发展趋势呈现良好势头，所以大

量房地产投资商开始关注房地产业并进行了大量投资。1990 年，西安市房地产投资额为 0.91 亿元，仅占固定资产投资总额比重的 3.45%，2000 年西安市房地产投资额为 51.85 亿元，占固定资产投资总额比重的 22.31%，而到了 2012 年西安市房地产投资额为 1 281.90 亿元，占固定资产投资总额比重已经迅速上升到 30.21%。1990 年以来，内城改造以及城区内大量闲置土地开始被开发利用，一些新的住宅项目也开始在内城区和主城区被大面积开发。西安市 1990 年住宅施工面积为 508.73 万平方米，住宅竣工面积为 111.05 万平方米；2000 年住宅施工面积为 1124.18 万平方米，住宅竣工面积为 544.95 万平方米；2012 年住宅施工面积为 8294.92 万平方米，住宅竣工面积为 903.82 万平方米。

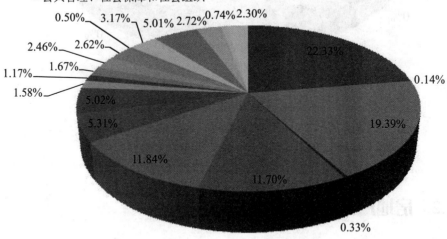

图 6-6　2012 年西安市行业人口结构

[资料来源：《西安统计年鉴》(2013)]

从居住空间的重构来看，从内城区的大面积改造到"见缝插针"再到居住空间的不断向郊区扩散，城市中心人口向外疏解，打破了郊区原有居住格局，再加上城市快速发展过程中大量外来人口的涌入以及随着城市空间的不断向外扩展而致使城中村的不断涌现，导致城市居住空间呈现多元化特征，新城市贫困空间与城市空间耦合也因为居住空间的不断重构而呈现"破碎化"和"复杂化"特征。

6.2　社会结构的制约作用

民国初年，拆除清"满城"城垣，并整修东大街和北大街。民国 17 年(1928 年) 起，省政府将"满城"废墟辟为新市区。民国 23 年(1934 年) 陇海铁路通车后建成了银行、厂房、仓库、铁路局等奠定了明城墙内老城区商住混杂格局[83]。抗战期间，大量沦陷区人口流入西安，在城内东北隅荒地和北关自强路、二马路建成居住区，这对西安市老城区特别是目前新城区解放门街办、自强路和太华路街办陇海铁路沿线大量棚户区、危旧房住区的形成奠定了历史基础[36]。改革开放以后，由于收入、文化水平和职业等因素影响导致新城市贫困空间与城市空间耦合地域类型不断发生变化。

6.2.1　收入差距不断扩大导致社会阶层分化

收入水平是决定城市社会群体尤其是新城市贫困群体居住空间选择的直接影响因素。改革开放以后，由于收入分配制度的不合理以及社会分配能力不足、制度不完善而导致收入差距不断增大，致使部分群体被边缘化，财富积累速率低而陷入贫困境地[83]。由此而导致新城市贫困群体做出不同的居住空间选择，进而形成不同的新城市贫困空间与城市空间耦合地域类型。据国家统计局西安调查队对西安一体化城镇居民收支调查表明，2013 年西安市低收入家庭人均可支配收入为西安市平均水平的 48.4%，但是其收入基本全部用于即期消费，除食品外，居住、医疗、教育三大刚性支出占家庭总消费三成多，较中等收入家庭高 4.7 个百分点。

近些年来西安市职工工资不断上涨，1990 年西安市全民所有制在岗职工平均工资为 2 290 元，城镇集体所有制在岗职工平均工资为 1 545 元，其他所有制在岗职工平均工资为 2 532 元，全体在岗职工平均工资为 2 136 元；2000 年西安市全民所有制在岗职工平均工资为 9 179 元，城镇集体所有制在岗职工平均工资为 5 178 元，其他所有制在岗职工平均工资为 9 451 元，全体在岗职工平均工资为 9 179 元；而到了 2012 年，西安市全民所有制在岗职工平均工资为 47 493 元，城镇集体所有制在岗职工平均工资为 29 988 元，其他所有制在岗职工平均工资为 41 218 元，全体在岗职工平均工资为 44 533 元，较 1990 年增长了 20.85 倍(图 6-7)。西安市城市居民人均可支配收入从 1990 年的 1518 元增长到 2012 年的 29982 元，增长了 19.75 倍(图 6-8)。由以上可知，近些年来西安市居民收入水平大幅度提高。

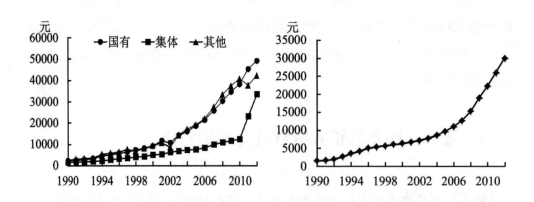

图 6-7　西安市历年在岗职工平均工资　　图 6-8　西安市历年城市居民人均可支配收入

[资料来源：《西安统计年鉴》(1991-2013)]

对 1990 年、2000 年和 2012 年西安市行业收入构成进一步分析后可知,1990 年不同行业收入无论是纵向比较还是横向比较相差均不是很大(表 6-1),2000 年从行业横纵向比较来看,个别行业的高工资现象已经有所凸显(表 6-2),到了 2012 年可以看出不同行业收入构成已经表现出明显的分异(表 6-3)。

由此可知,城市居民的收入差距有所拉大。从单位性质来看,2000 年和 2012 年集体单位职工平均收入水平低于国有单位和其他单位;从具体行业来看(表 6-2、表 6-3),不同职业之间的收入差距正在逐渐拉大,而收入水平决定社会群体的社会地位,根据前述分析可知新城市贫困群体的文化素质、职业技能水平偏低,从事的基本都是收入水平相对较低的行业,由此导致西安市新城市贫困空间与城市空间耦合地域分异。

表 6-1　1990 年西安市各行业职工平均工资(元)

行业	国有	集体	其他
农林牧渔水利业	1772	1294	——
工业	2256	1537	3155
地质普查和勘探业	2496	——	——
建筑业	2437	1564	5045
交通运输、邮电通讯	2860	1530	——
商业、公用事业、居民服务业	2043	1547	2074
房地产管理和咨询服务业	1932	1435	2373
卫生、体育和社会福利事业	2316	1710	——
教育、文化艺术和广播电视事业	2259	1324	——
科学研究和综合技术服务业	2565	1765	——
金融、保险业	2165	1629	——
国家机关、党政机关和社会团体	2156	1973	——

[资料来源:《西安统计年鉴》(1991)]

表 6-2 2000 年西安市各行业职工平均工资(元)

行业	国有	集体	其他
农林牧渔业	6781	5024	8819
采掘业	5317	——	9796
制造业	8123	——	9685
电力、煤气及水的生产和供应业	11132	5087	——
建筑业	9595	4995	8773
地质勘查业、水利管理业	7035	4881	——
交通运输、仓储及邮电通信业	14163	3896	8566
批发和零售贸易、餐饮业	6652	5033	8058
金融、保险业	13028	8568	14790
房地产业	8959	5122	8711
社会服务业	9183	4717	8165
卫生、体育和社会福利业	10844	5912	9174
教育文化和广播影视业	9890	7191	11634
科学研究和综合技术服务业	12175	7089	11600
国家机关、政党和社会团体	10058	8956	——
其他行业	9842	6756	12794

[资料来源:《西安统计年鉴》(2001)]

表 6-3 2012 年西安市各行业职工平均工资(元)

行业	国有	集体	其他
农林牧渔业	32172	——	18134
采矿业	41585	——	29193
制造业	38299	32875	39685

续表

行业	国有	集体	其他
电力、燃气及水的生产供应业	44882	47342	62556
建筑业	38646	32171	32670
批发和零售业	29262	21278	36307
交通运输、仓储和邮政业	49020	32994	47634
住宿和餐饮业	24984	26456	27149
信息传输、软件和信息技术服务业	63621	52725	63308
金融业	74169	57862	77534
房地产业	34111	29442	40040
租赁和商务服务业	42841	18912	39222
科学研究和技术服务业	69511	58962	62397
水利、环境和公共设施管理业	30101	17243	28996
居民服务、修理和其他服务业	28990	15456	31107
教育	56005	39957	33088
卫生和社会工作	58226	41878	40470
文化、体育和娱乐业	45527	46909	36193
公共管理、社会保障和社会组织	47710	——	14984

[资料来源：《西安统计年鉴》(2013)]

6.2.2　不同文化水平人口的空间相对集聚

本书利用区位商(Location Quotient) 对西安市小学及以下、大专及以上文化水平人口集聚度进行测度，其计算公式为：

$$LQ = (Q_i / \sum_{i=1}^{n} Q_i) / (P_i / \sum_{i=1}^{n} P_i)$$ (6-1)

其中，i 为街道数量；Q 为街道小学及以下或大专及以上文化水平人口；P 为街道总人口。LQ <1 时，表明某个街道小学及以下或大专及以上文化水平人口的集聚度较低，而 LQ >1 则表示某个街道小学及以下或大专及以上文化水平人口的集聚度较高。从图6-8、图6-9和图6-10可知，1990年、2000年和2013年西安市小学及以下文化水平人口在城市中心区和外围区呈现出明显的空间分异特征（图6-9、图6-10和图6-11），具体表现为城市中心区小学及以下文化水平人口集聚度低，而外围区集聚度较高，城市中心偏南地区是小学及以下文化水平人口集聚度最低的地域。

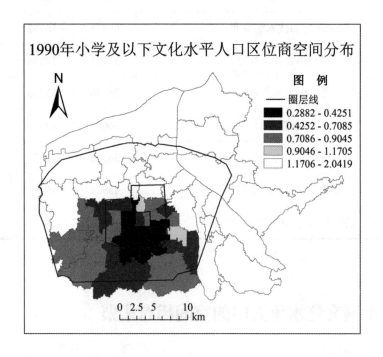

图 6-9　1990 年西安市小学及以下文化水平人口区位商空间分布

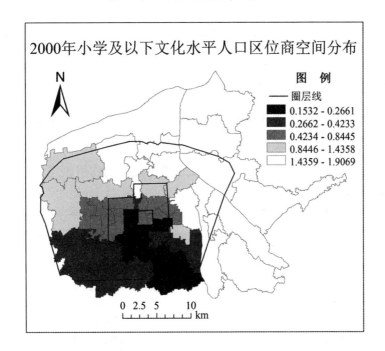

图 6-10　2000 年西安市小学及以下文化水平人口区位商空间分布

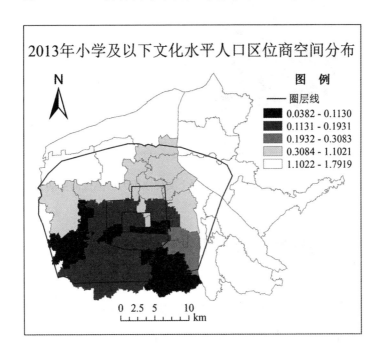

图 6-11　2013 年西安市小学及以下文化水平人口区位商空间分布

从大专及以上文化水平人口集聚度分布来看(图 6-12、图 6-13 和图 6-14)，1990 年、2000 年和 2013 年西安市大专及以上文化水平人口集聚度分布与小学及以下文化水平人口集聚度空间分布呈现出相反的分布态势，城市外围区集聚度较低，表明外围人口文化水平相对较低，而高学历人口集中在城市中心南部地区，主要由于这里是西安市的文教区，是高等院校、科研院所等相对较为集中的区域。结合以上分析，可以发现文化水平对新城市贫困空间的作用表现为低文化水平的新城市贫困人口在特定地域的相对集聚。

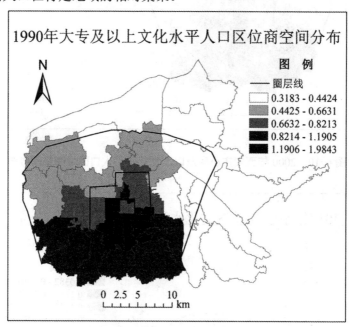

图 6-12　1990 年西安市大专及以上文化水平人口区位商空间分布

6.2.3　职业分层致使社会不平等逐渐外显

1990 年以前，由于户籍制度和劳动用工制度的严格控制，西安市城镇就业者基本上就是全民所有制工人和集体所有制工人两大类。进入转型期，随着西安市城市空间的快速发展、户籍管理制度的松动、劳动合同制度的推行以及三次产业

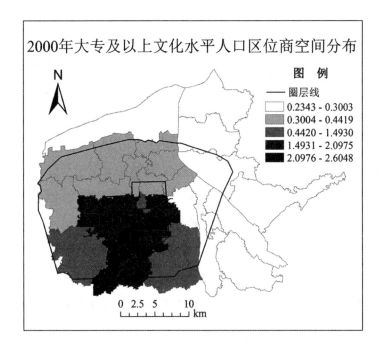

图 6-13　2000 年西安市大专及以上文化水平人口区位商空间分布

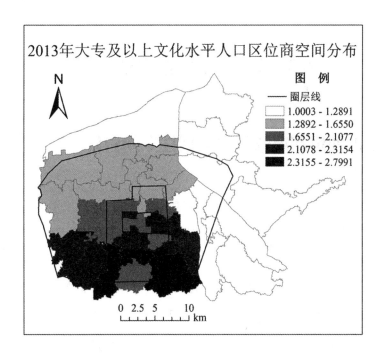

图 6-14　2013 年西安市大专及以上文化水平人口区位商空间分布

结构的调整，另外，高科技产业以及部分现代服务业的发展更是加剧了职业构成的分异，除了全民所有制工人和集体所有制工人以外，出现了乡镇企业工人、私营企业工人、外资、合资企业工人和城市外来务工人员等。

在市场经济体系下，为了实现土地功能置换，近些年西安市实施工业企业"退城入区行动"，就是把重污染企业逐步从城镇人口集中区域迁出，迁入到相关工业园区。商业、法律、金融、信息等现代服务业开始在城市中心区集聚，产业部门的大规模转移必然带来就业人口的空间变动，但是不同的产业部门在收入、劳保福利待遇和社会地位的差异非常明显，致使社会不平等逐渐外显，进一步致使社会分层现象凸显，中国社科院研究认为当代中国有十个社会阶层[213]。对于城市就业、居住空间的偏好，不同社会阶层也不同，但是对新城市贫困群体而言，所谓自由择业、自由择居的"自由度"实际上非常小，这样不断作用到城市空间地域上导致新城市贫困空间与城市空间耦合的分异。

6.3　体制改革的促动作用

6.3.1　土地使用制度改革导致居住空间分异

城市土地使用制度改革是影响西安市城市空间重构的一个重要因素，1993 年西安市土地使用开始由无偿划拨转变为有偿使用，地价因素对城市空间发展过程中产生的作用逐渐增大，优越的区位、便利的交通和良好的公共设施使得城市中心区重新受到重视，大量土地批租资金投入到城市建设中，各行政机关和企事业单位长期无偿占有的大量闲置土地开始被开发为商业中心和中高档住宅，工业区和低价住宅不断向外扩散，从而引发居住空间的分化和社会阶层化趋势扩大，进而产生新城市贫困空间与城市空间耦合的地域类型分异。2000 年西安市土地出让面积为 3 115hm^2，土地使用权出让总收入为 38.43 亿元，商品房建设投资额为 238.64 亿元，商品房屋销售面积为 212.92 万平方米；2012 年西安市土地出让面积为 1 853hm^2，土地使用权出让总收入为 218.82 亿元，商品房建设投资额为 12819.01 亿元，商品房屋销售面积为 1 538.92 万平方米。

6.3.2　住房制度改革引发居住空间复杂性日益突出

住房福利分配制度将住房视为福利制度的一部分，这种制度直接导致了以"单位"为基础的公房居住区的形成。西安市在新中国成立后，1950 年规划后形成东郊纺织工业和机械工业区、西郊电工程区及南郊以几所大专院校为基础的"文化城"。在此期间，在其周围区域大批建造了住宅区或工人宿舍，由此进一步形成"单位大院"式的工作—居住混杂格局，但由于企业市场化改革致使大量下岗、失业职工在东郊、西郊聚居。20 世纪 80 年代后期，福利分房制度被取消，住宅开始市场化、货币化和私有化以来，以"单位"为主体的建房行为逐渐停止，市场的作用开始逐渐凸显，导致传统的"单位大院"居住模式也逐步被打破，高收入群体选择住房时更多考虑生活便利和居住环境等因素，而低收入群体和贫困家庭不得不选择继续居住在旧城区未经改造的旧住宅或城市边缘及近郊工业区周围的经济适用住宅中。

1993 年起西安市开始实施《西安市城镇住房制度改革实施方案》。1995 年西安市颁布了《西安市深化城镇住房制度改革实施方案》及 15 个配套办法，加大了房改力度，整体推动了房改进程。2000 年《西安市经济适用住房管理办法》、2003 年《西安市城镇廉租住房管理办法》、2006 年《西安市行政事业单位住房分配货币化实施细则》和 2010 年《西安市进一步促进房地产市场平稳健康发展的若干意见》等办法和细则的颁布，标志着西安市向建立社会化、规范化、商品化住房保障制度方向不断发展。此外，为了使不同社会阶层的居住需求得以满足，建设了普通商品住房、经济适用住房、高档公寓、别墅区等不同档次的住宅，还有原来的"单位大院"，不同形态的住房类型引起了西安市居住空间的分异，不同地域不同档次的居住空间促使新城市贫困空间与城市空间耦合的分异特征逐渐显现。

6.3.3　户籍管理制度松动引起外来人口大幅增长

计划经济时期我国实行严格的户籍管理制度，但在改革开放后，随着城乡收入差距的不断拉大，在预期收入强烈反差的刺激下，致使大量由于农业生产力大幅提高的农村剩余劳动力快速涌进城市期望实现自己的"淘金梦"，成为城市人口的重要组成部分，但是常住外来人口尤其是农民工群体的城市空间利益无法保障而沦为贫困阶层，农民工在一定区域形成集聚区对新城市贫困空间与城市空间的空间分异产生了重要影响。

2001 年西安市实施《关于推进小城镇户籍管理制度改革的实施意见》、2006年《关于调整我市户籍人口准入政策的若干意见》和《西安市迁入市区人口户籍准入暂行规定》提出调整户籍准入政策。对比计划经济时代户籍管理制度有了较大的松动，但是由于城市建设和管理体制的严重滞后导致大量流动人口不能享受和城市居民在住房、医疗、社保、就业以及子女入学等方面的同等待遇，形成了新的以外来人口为主的新城市贫困空间与城市空间耦合地域类型。据西安市第四次人口普查资料表明，西安市 1990 年省内外流动人口(不包括进出市区的过往旅客) 总量 22.37 万人，其中，流入人口为 21.07 万人，流出人口 1.30 万人，流入人口为流出人口的 16.21 倍，净流入人口为 19.77 万人。据第六次人口普查数据表明，西安市 2010 年省内外流入人口为 126.02 万人(不包括进出市区的过往旅客) ，流出人口为 18.62 万人，流入人口为流出人口的 6.77 倍，净流入人口为 107.40 万人。2010 年净流入人口为 1990 年的 5.43 倍。对 2010 年数据结合相关普查、统计数据和实地调研数据进行简单计算后得到 2013 年流动人口数据。

本书采用区位商(Location Quotient) 来衡量外来人口集聚度，其计算公式为：

$$LQ = (Q_i / \sum_{i=1}^{n} Q_i) / (P_i / \sum_{i=1}^{n} P_i)$$　　　　　(6-2)

其中，i 为街道数量；Q 为街道外来人口；P 为街道总人口。LQ <1 时，说明表明某个街道外来人口的集聚度较低，而 LQ >1 则说明某个街道外来人口的集聚度较高。

从图 6-15 可知，1990 年 LQ >1 的街道基本位于城市中心区域，说明处于城市化的早期阶段，这一时期是以向心型城市化为主，其总体特征表现为人口向城市中心区不断聚集，但在近郊的南部地区 LQ 相对较高(图 6-15) 。

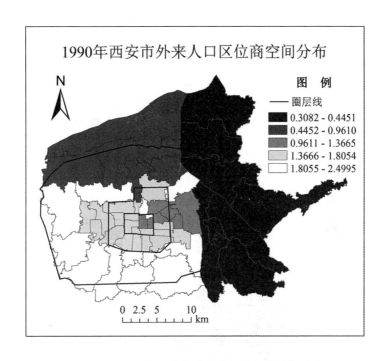

图 6-15　1990 年西安市外来人口区位商空间分布

从图 6-16 和图 6-17 可知，2000 年和 2013 年流动人口呈现明显的郊区化特征，主要集中在城市中心外围的近郊地区，远郊地区也有大幅增长(图 6-16、图 6-17) ，表明外来人口更多集中在城市近郊区，往往与近郊农业人口混合居住在一起，而且更多从事公共服务业。

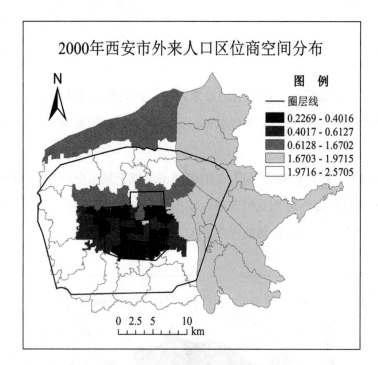

图 6-16　2000 年西安市外来人口区位商空间分布

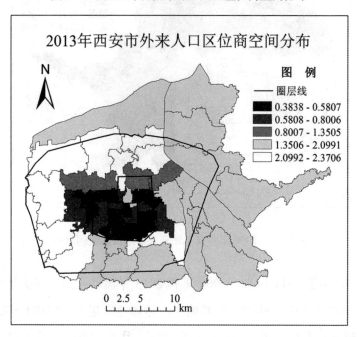

图 6-17　2013 年西安市外来人口区位商空间分布

6.4　城市规划的导向作用

6.4.1　城市总体规划的宏观引导

西安市新中国成立后的几次城市总体规划宏观层面对功能分区和产业发展方向引导对西安市新城市贫困空间与城市空间耦合地域分异产生了重要影响。

新中国成立初期，1950 年西安市人民政府开始组织编制西安市都市发展计划。拟在老城区西侧修建新城，拟采取向西发展策略。1952 年重新编制西安都市计划，该计划中止了城市集中向西发展的空间策略，确定以旧城为中心向外发展的空间发展策略[214]。

《西安市城市总体规划(1953～1972 年) 》(图 6-18) 中确定西安市的城市性质为精密机械制造和纺织为主的工业城市，形成以中心为主，向南发展的圈层式发展策略，构建了东郊纺织工业区、西郊电工程区、南郊文教区、北郊以陇海线为界线的文物大遗址保护区、中部为居住区和商贸区的功能格局。

《西安市城市总体规划(1980～2000 年) 》(图 6-19) 提出重点开辟新的功能区，分别在西南、东南和北郊建立新开发区。城市性质确定为"保持古城风貌，以轻纺、机械工业为主，科研、文教、旅游事业发达的社会主义现代化城市。"通过交通道路网的构建形成了单中心同心圆发展模式。

《西安市城市总体规划(1995～2010 年) 》(图 6-20) 提出未来西安城市空间布局结构形态由单中心模式转变为"中心集团，外围组团，轴向布点，带状发展"模式，形成中心城市、卫星城和星罗棋布的建制镇三级城市空间分布结构。

《西安市城市总体规划(2008～2020 年) 》(图 6-21) 中提出在西安市域范围内，构建"一城、一轴、一环、多中心"的市域城镇空间布局，形成主城区、中心城镇、镇三级城镇体系结构。优化主城区布局，凸显"九宫格局，棋盘路网，轴线突出，一城多心"的布局特色；以二环内区域为核心发展成商贸旅游服务区；东部依托现状发展成国防军工产工业区；东南部结合曲江新城和杜陵保护区发展成旅游生态度假区；南部为文教科研区；西南部拓展成高新技术产业区；西部发展成居住和无污染产业的综合新区；西北部为汉长安城遗址保护区；北部形成装备制造业区；东北部结合浐灞河道整治建设成居住、旅游生态区。

《西安国际化大都市发展战略规划(2009~2020) 》以"世界城市、文化之都"为发展定位，提出构建"一心三带"产业空间框架(图 6-22) ，"一心"是指以发展现代服务业为主的城市中心及拓展区；"三带"是指以发展战略性新兴产业为主的渭北产业带、以发展高新技术产业、文化产业等为主的南部人文科技带、以发展发展生态旅游、现代农业等为主的秦岭北麓生态带。这些宏观层面上功能区的划分以及城市空间"摊大饼"式扩展对西安市新城市贫困空间产生了重要影响，进而影响到新城市贫困空间与城市空间耦合分异。

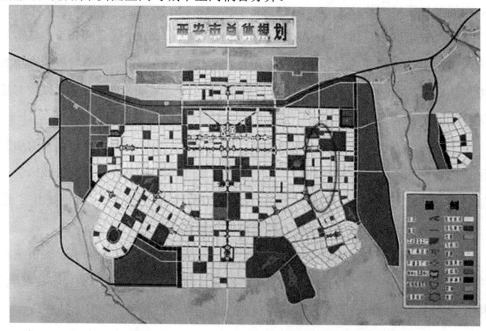

图 6-18   1953-1972 年西安市城市总体规划

[资料来源：西安市城市总体规划(1953-1972)]

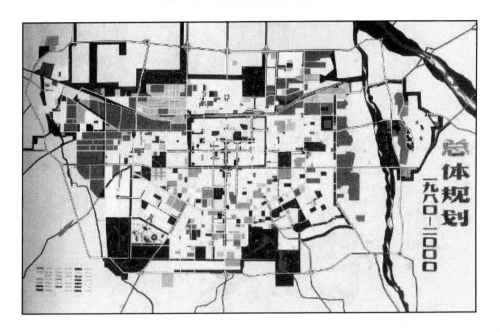

图 6-19　1980-2000 年西安市城市总体规划

[资料来源：西安市城市总体规划(1980-2000)]

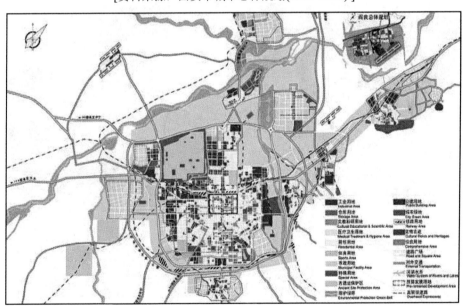

图 6-20　1995-2010 年西安市城市总体规划

[资料来源：西安市城市总体规划(1995-2010)]

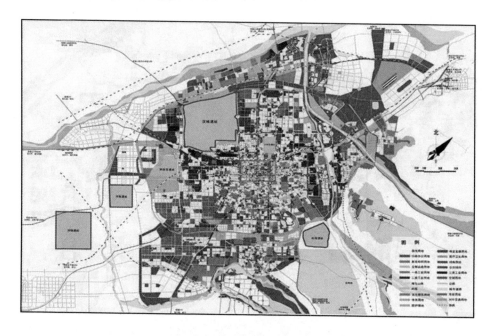

图 6-21　2008-2020 年西安市城市总体规划

[资料来源：西安市城市总体规划(2008-2020)]

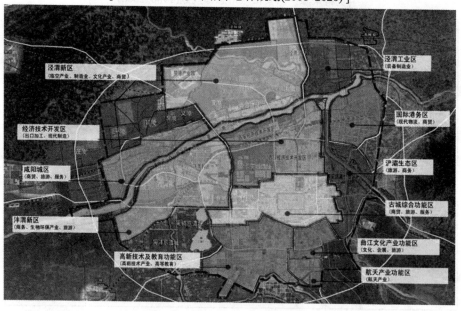

图 6-22　2009-2020 年西安市国际化大都市发展战略规划主城区功能布局

[资料来源：西安市国际化大都市发展战略规划(2009-2020)]

6.4.2　城中村改造规划的局部影响

西安市 2002 年正式启动城中村改造工作，计划利用 10～15 年时间，将西安市 326 个城中村全部改造完毕。2005 年，西安市政府下发《西安市人民政府关于加快城中村改造工作的意见》以及 2007 年颁发的《西安市城中村改造管理办法》对西安市城中村改造起到了重要的指导和推动作用。2007 年西安市开始大规模拆迁改造城中村，截至 2013 年 9 月底，已有 196 个城中村消失或正在改造。截至 2014 年 4 月底，西安市已经取得《城中村改造方案批复》的为 201 个，其中新城区有 9 个、碑林区有 22 个、莲湖区有 14、雁塔区有 33 个、未央区有 30 个、经开区有 30 个、曲江新区有 1 个、高新区有 11 个、临潼区有 1 个、长安区有 8 个、浐灞生态区 16 个、大兴新区(土门地区) 有 11 个、曲江大明宫有 6 个、航天基地有 3 个、纺织城振兴办有 5 个、沣东新城有 1 个；取得《棚户区改造方案批复》的为 45 个，市城改办有 6 个、市房地局有 4 个、新城区棚改办有 4 个、新城区旧城改造办公室有 11 个、碑林区棚改办有 8 个、莲湖区棚改办有 2 个、纺织城发展办有 1 个、大兴新区(土门地区综合改造管理委员会征收安置办公室) 有 9 个。

西安市城中村改造主要有以下几种模式：

(1) 由村集体经济组织自筹资金实施的自我改造；

(2) 政府通过土地一级开发实施的城中村改造；

(3) 政府以基础设施建设为载体和目的的城中村改造；

(4) 通过招商引资"土地+资金"合作实施的城中村改造；

(5) 项目建设单位为实施经营性项目进行的城中村改造；

(6) 政府为兴建公共管理与公共服务事业实施的城中村改造[215]。

虽然城中村改造模式相对较多，但无论哪种模式，城中村改造都对城市空间综合效益的提高具有积极作用，但是对原有居民的空间剥夺比较严重，改造后的居住空间往往生活成本很高，使得很多原有居民无力承担，由此导致很多原有居民被迫迁移到城市中生活成本相对较低的区域。其次是对大学毕业生群体，相对比北京、上海以及一些东部沿海发达城市，西安城中村还比较能够满足大学毕业生基本居住需求，因为收入有限，除了选择几人合租外，分布在西安各个城区大大小小的城中村，也是他们最主要的选择之一。据有关资料统计表明，西安市近75%以上的出租房源被年轻上班族所消费，其次是家庭整体租住人群、外地生意人和其他群体。因此，城中村改造对原住居民、大学毕业生和外来务工人员影响很大，导致原有城市社会空间发生了变化，新城市贫困空间与城市空间耦合状态也与改造之前明显不同。

6.4.3 城市新区开发规划的不断拉动

1991 年西安高新技术产业开发区、1993 年西安经济技术开发区、1993 年西安曲江旅游度假区(2003 年更名为曲江新区)、1994 年西安浐河经济开发区、2004 年西安浐灞生态区和 2011 年西咸新区等新产业开发区成立以及 2008 年大明宫遗址公园开发、2011 年汉长安城遗址的开发给西安市发展不断注入了新的活力，另外还包括 2009 年关中—天水经济区的开发建设、2011 年西安市政府由莲湖区北迁至未央区，西安市通过各类开发区建设和行政中心转移，对人口和各种经济要素产生了集聚作用，同时发挥各类新区的辐射作用，拉动区域经济发展和城市建设。例如，2000 年西安高新技术产业开发区实现工业增加值 55.4 亿元，比上年增长 35.7%，到了 2013 年西安高新技术产业开发区在册企业营业收入突破 8853 亿元，主要经济指标连续十年保持 30%左右的高速增长。随着各类企业的入驻，也带来了房地产业开始蓬勃发展，尤其是住宅项目发展更是迅速。由此可见，随着城市空间的不断发展，居住空间也在不断发生分异，使得西安市新城市贫困人口的分布更趋向于破碎化，也意味着新的新城市贫困空间与城市空间耦合地域正在形成。

6.4.4 住房建设规划的大力推动

西安市在 2000 年的《西安市经济适用住房建设管理办法》以及 2003 年出台并在 2006 年进行了修订的《西安市城镇廉租住房管理办法》中对廉租房、经济适用房等住房建设作了明确规定。在《西安市 2008～2012 年住房建设规划》中强调调整商品住房供应结构，有效控制商品住房价格增幅，保持房地产业稳步发展，加快建立健全解决城市低收入家庭住房困难的政策体系，满足不同社会群体的不同需求。规划中提出 2008～2012 年，在城市不同区域布局各类住房，住房供应总量为 5 866 万平方米，各类住房建设面积和比例(表 6-3) 以及建设区域(表 6-4) 如下。

表 6-3 西安市 2008～2012 年各类住房建设面积及比例

项目 / 类型	面积(万平方米)	比例(%)
普通商品住房	3654	62.29
经济适用住房	573	9.77
单位职工住房	554	9.44
城中村改造安置用房	864	14.73
棚户区改造安置用房	199	3.39
廉租住房	22	0.38
合计	5866	100

(资料来源：西安市 2008～2012 年住房建设规划)

　　2009 年以来，随着西安市普通住宅成交均价快速上涨，解决中低收入家庭的住房问题受到政府相关部门越来越多的重视。2010 年实施的《西安市进一步促进房地产市场平稳健康发展的若干意见》要求，普通商品住房中廉租住房配建比例不低于 5%，经济适用住房中廉租住房配建比例不低于 15%，棚户区改造项目中廉租住房配建比例不低于 30%，此外，西安市计划 2010 年及"十二五"(2011～2015 年) 期间共配建廉租住房 150 万平方米，解决 30 000 户低收入家庭住房困难。可见，住房建设规划中所提出各类住房的建设方式和城市中不同区域进行建设以及建设面积等对新城市贫困空间与城市空间耦合会产生很大的影响。

表 6-4　西安市 2008～2012 年住房建设区域分布(万平方米)

区域 项目	城北	城南	城西	城东	其他	合计
住房开工面积	1232	1514	997	1349	774	5866
所占比例	21%	26%	17%	23%	13%	100%

(资料来源：西安市 2008～2012 年住房建设规划)

6.5　本章小结

　　通过总结归纳并结合实地调查，本书认为西安市新城市贫困空间与城市空间耦合机制主要包括：一是经济发展的推动作用，主要包括产业结构调整导致就业问题凸显和房地产经济促使居住空间多元化；二是社会结构的制约作用，主要包括收入差距不断扩大导致社会阶层分化、不同文化水平人口的空间相对集聚和职业分层致使社会不平等逐渐外显；三是体制改革的促动作用，主要包括土地使用制度改革导致居住空间分异、住房制度改革引发居住空间复杂性日益突出和户籍管理制度松动引起外来人口大幅增长；四是城市规划的导向作用，主要包括城市总体规划的宏观引导、城中村改造规划的局部影响、城市新区开发规划的不断拉动和住房建设规划的大力推动。

第7章 西安市新城市贫困空间
与城市空间耦合调控

7.1 西安市新城市贫困空间
与城市空间耦合调控目标

7.1.1 促进城市空间优化发展

城市空间是新城市贫困空间生存和发展的基础，新城市贫困空间与城市空间耦合调控的首要目标应该是城市空间的优化发展，进而实现二者和谐有序发展。城市空间的优化应该大力发展经济、提高社会群体的收入水平，进行社会保障制度改革(如医疗、教育、就业、住房、文化娱乐、商业等)，减少社会排斥，以及城市基础设施和公共服务设施的改善，如交通、商业、公共绿地、其他景观等，实现城市空间公共资源的合理配置。另外，改善居住环境也是城市空间优化的重要任务。通过对环境的不断改善来达到城市空间的优化发展，进而提高新城市贫困空间与城市空间耦合水平，最终使新城市贫困群体能够有机融入城市空间。

7.1.2　切实保障新城市贫困群体的空间利益

满足不同社会群体的空间利益需求是城市空间发展的最终目标，而城市社会群体中的重要组成部分——新城市贫困群体的需求也必须在城市空间不断发展中得到相应的满足。转型期以来，西安市的发展更多是关注经济建设，严重忽视新城市贫困群体的空间利益，导致城市空间不断发展的同时，新城市贫困群体与其他社会群体的空间利益矛盾却日益凸显，各种社会问题不断显现。因此，为了实现社会和谐发展，消除社会极化，缓解新城市贫困问题和不同社会群体之间的空间利益矛盾，切实保障新城市贫困群体的空间利益成为新城市贫困空间与城市空间耦合调控的重要目标。

7.1.3　提高新城市贫困空间与城市空间耦合协调发展水平

新城市贫困空间与城市空间发展的不协调、不适应是阻碍新城市贫困空间与城市空间耦合系统实现和谐有序发展的主导因素。城市空间发展对新城市贫困空间系统优化产生支持作用，新城市贫困群体所进行的各种经济、社会、文化等一列活动都是以城市空间作为载体，新城市贫困空间与城市空间耦合系统的协调有序发展既可以整合城市空间各种资源，实现城市空间各种资源合理而有效的配置，又可以保障新城市贫困群体生存与发展的空间权益。因此，全面提高新城市贫困空间与城市空间耦合协调发展水平是实现新城市贫困空间与城市空间耦合调控的终极目标。

7.2 西安市新城市贫困空间
与城市空间耦合调控对策

7.2.1 不断优化城市空间

1. 合理配置城市空间资源

城市空间资源分配不均会直接损害新城市贫困群体的空间利益，妨碍和谐公正社会建设，所以应该合理配置城市空间资源。在条件允许范围内，通过市场和政府共同作用，保证不同社会群体空间利益实现最大化，体现空间公平和空间正义。合理配置城市空间资源主要包括医疗卫生服务、教育资源、城市公共基础设施等的优化配置。

第一，应加大基础教育的投入力度并保证基础教育的均等化；

第二，应增加对城市公共卫生事业的投入，完善公共卫生和基本医疗服务体系，尤其要加大新城市贫困空间的公共卫生和基本医疗服务体系建设力度；

第三，保证城市中不同社会群体享有公共服务设施的平等权利，尤其要给予新城市贫困空间以更多关注，促进城市公共基础设施的均等化与公平化。

2. 大力提高经济发展水平

一般来讲，经济发展水平的提高将有助于增加新城市贫困群体的收入，进而改善新城市贫困群体的生活状况，而经济发展水平的下降对其个人及其家庭会产生深远影响。因此，经济增长是缓解新城市贫困问题的直接动力，推动经济增长，提高人们的收入水平，将会促进社会群体消费，进而使新城市贫困人口数量有所下降。世界银行对 65 个发展中国家的调查显示，人均消费每增长 1%，国际贫困线以下的人口就减少 2%[216]。1990 年、2000 年和 2012 年西安市每一就业者负担人数分别为 1.81、2.19 和 1.85 人，可见 1990～2012 年西安市每一就业人员的负担系数均比较高。因此，西安市必须大力发展经济，实现其又好又快发展，通过调整经济结构，积极引进外资，创造就业岗位，减轻就业人员负担，提升经济发展的质量，提高社会群体的整体收入水平和整体生活质量，降低新城市贫困发生率，进而缓解新城市贫困问题。

3．积极开发混合型居住空间

政府提出具体的政策干预城市房地产市场可能更有利于贫困群体[217]。为防止新城市贫困人口在一定区域集聚，在制定住房政策、保障房建设、城市总体规划、城中村改造规划过程中，应更多关注下岗、失业、在职低收入、低工资的退休人员、农民工、大学毕业生等低收入群体或贫困家庭。为体现公平性应打破居住隔离，政府介入房地产业进行宏观调控，避免房地产市场过度自由化，注意商品房与保障房进行协调布局，实现城市不同社会群体混合居住局面，并有相关产业、基础设施、服务设施等与之配套，为居民创造良好生产生活环境[218]，并为不同阶层群体的接触与日常的交往沟通提供机会，以进一步增强不同阶层、群体和个体之间的社会融合，增强不同社会群体，尤其是新城市贫困群体的社区归属感与认同感[219]。

4．制定微观层面城市社会空间规划

城市规划中除了考虑自然环境、经济环境以外，应体现以人为本，更多考虑社会环境，对城市中各阶层群体进行深入调查，充分了解不同阶层居民的需求，尤其是新城市贫困群体或低收入群体等城市弱势群体的需求。基于以上民情、民意分析，对城市社会空间尤其是新城市贫困空间进行分类评价，在此基础上进行相关专项规划时能够充分关注民生问题，从微观层面上制定针对性强的住房建设规划、商业设施规划、健康安全规划和文化教育规划，满足不同社会群体尤其是新城市贫困群体的住房、医疗、卫生、教育、购物、交通和安全等基本需求，并

不断促进以上各类规划的有机融合、有效衔接，实现社会空间公平公正和不同社会群体在城市空间上逐渐走向融合。切实保障各类规划用地，将社会空间规划纳入城市总体规划，作为控制性详细规划编制依据。另外，社会空间规划还应加强与城市功能布局规划、土地利用规划以及国民经济和社会发展规划的衔接，实现"多规融合"。

7.2.2　积极治理新城市贫困空间

1. 政府主导

提高不同地域空间单元和城市整体的新城市贫困空间与城市空间耦合协调发展水平是实现新城市贫困空间与城市空间耦合的目标之一，通过政府不断加强制度建设最终创造"空间公平公正"发展的良好局面。

第一，深化户籍制度改革。这一举措为解决西安市农民工这一贫困群体的问题奠定良好基础。逐步打破二元管理模式，努力实现城镇基本公共服务常住人口全覆盖。最终实现公民迁徙自由，消除户籍背后的权利差异，消除公众对户籍的权利焦虑，缩小户籍的福利差距，将公民全部纳入权利保障视野，赋予不同户籍性质、不同地域人员平等权利，包括就业、社保、教育、卫生、文化、福利等方面的制度性享有权，真正实现"一元化"户籍管理制度。

第二，积极改善就业现状，完善就业服务体系。应尽快建立与户籍制度改革相辅相成的劳动就业制度，赋予农民工贫困群体以公平、公正、平等的权利；积极促进再就业工作，鼓励下岗失业人员再就业；积极扶持失业职工自主创业，以创业促就业；加强公共就业服务制度建设。

第三，加强住房建设规划。为了避免新城市贫困群体在城市的特定区域出现同质集聚，一方面，政府应介入发展城市房地产业，避免住房市场出现极端自由的商品化，注重商品房与保障房进行协调布局；另一方面，城市规划中应注意用地布局，以混用用地打破居住群体的同质性并实现各种基础设施的公平配置，避免新城市贫困群体被过度排斥。

第四，改善文化教育环境，实现文化教育公平。新城市贫困群体中大多文化水平不高、专业技能较低。因此，对教育和技能投资是必不可少的一项重要举措。第一应保证所有社会群体都能够享受义务教育；第二应满足目前不同社会群体的文化需求，建设服务大众的基本文化空间。

第五，建立贫困人口疾病医疗救助制度。新城市贫困群体的身体健康状况也不容乐观，提高医疗卫生服务也是非常重要的，因为新城市贫困群体一旦遭遇重大疾病或事故，可能就会陷入灾难的深渊。政府应加大对医疗卫生投入的力度，关注城镇灵活就业人员，特别是大量涌入的外来务工人员的医疗保障问题，逐步把城镇灵活就业人员和低收入群体纳入基本医疗保险中，建立一套行之有效的社会医疗救助体系，进而有效解决新城市贫困群体看病难、看病贵的问题。

第六，积极扩大最低保障的覆盖范围。将在职低收入、下岗失业人员和退休人员等新城市贫困群体逐步纳入最低生活保障范围；对财政支出结构进行有效调整，增加社会保障资金的投入，利用多种途径筹措社会保障储备基金，逐步使所有新城市贫困群体都能享受最低生活保障；及时把将要陷入贫困的群体纳入进来。

2．企业帮扶

第一，国有企业变"减员增效"为"稳员增效"。国有企业针对目前的问题应变"减员增效"为"稳员增效"，通过做大做强企业来创造更多的就业岗位，对不适应现有岗位的员工实行内部转岗，不让一位职工下岗，不强行将一位职工推向社会，并把职工当作最为宝贵的生产力，来发挥每一位职工的巨大潜能。

第二，加快发展第三产业。从目前来看，第三产业中的社区服务业、商业餐饮服务业、卫生服务业等行业的就业缺口很大。尤其是社区服务业的需求量最大，应鼓励下岗职工创办各种便民利民的社区服务企业，优先满足新城市贫困群体的社区服务就业需求。另外，随着社会向人口老龄化和消费成熟化的转变，如旅游、休闲、娱乐等文化产业会蓬勃发展，会向社会提供更多的就业岗位，将成为吸纳社会劳动力的重要渠道。

第三，大力支持劳动密集型产业吸纳就业。鼓励和支持劳动密集型产业、中小企业和服务业吸纳安置再就业人员，并积极为有用工需求的中小企业搭建供需平台，纠正下岗失业人员、大学毕业生和农民工在思想上存在对就业形势的认识偏差，对新增就业人员、下岗失业人员、大学毕业生和农民工及时制定职业技能培训制度和培训实施方案，采取多种形式进行定向培训，为劳动密集型产业、中小企业和服务业吸纳再就业人员提供良好的劳务资源。

3．社区支持

从新城市贫困群体的实际需要出发，积极挖掘社区资源，提高新城市贫困群体的自信心；利用各种途径向新城市贫困群体传授技术信息；采取多种方法促进下岗失业人员实现再就业；及时将符合条件的新城市贫困群体全部纳入救助体系；要动员组织社区新城市贫困群体参加各种活动，促进其与社区其他群体之间的理解和包容；加强社区再就业、发展社区经济和保障新城市贫困群体权益有效衔接，为新城市贫困群体提供全方位服务，不使社区新城市贫困群体被边缘化。

4．社会参与

充分发挥其他社会团体及其个人在城市反贫困中的重要作用。由于城市反贫困工作任重而道远，实际工作中必须加大城市贫困与反贫困科研力度，对实际工作人员加强专业培训，邀请一些相关研究领域的专家、学者参与城市反贫困工作，充分吸收借鉴专家学者在城市反贫困工作中专业化、个性化的意见和建议，全面提升城市反贫困工作专业化水平；积极挖掘社会志愿性资源，在政府失效的领域发挥 NGO 的作用，尤其是在政府机制或市场机制无法解决、解决不好的公共领域，政府通过积极倡导利他主义价值观和为 NGO 参与反贫困创造良好的政策、法律、制度环境，促进城市反贫困领域中 NGO 的发展壮大，正确引导企业、公司参与到城市反贫困工作中来，由过去"政府包办"向"政府—NGO"有效携手合作转变。

5．个人提高

由于新城市贫困群体大多受教育水平偏低，接受新科技、新思想的能力差，致使思维方式落后，发展能力弱，只有通过提高新城市贫困群体自身能力，增强其竞争力，增强新城市贫困人口自我发展、自我管理、自我服务的能力，才能从根本上解决其存在的一些心理问题，使其能够从内心深处改变自己，认识到通过自身奋斗，发挥其主观能动性，能够改变生活面貌。因此，扶贫必须实行扶持、扶技和扶智相结合，既要重视对新城市贫困群体进行物质援助，又要高度重视对其劳动技能培训和精神援助，从思想上引导新城市贫困群体不要安于现状，大力弘扬社会主义新时期的创业文化，要积极引导新城市贫困群体树立风险意识，使每一位新城市贫困群体能够掌握一技之长，锻炼其创业和抵御风险能力，从而全面提高新城市贫困群体自身素质。

7.3　本章小结

促进城市空间的优化发展，缓解新城市贫困群体与其他社会群体的空间利益矛盾，切实保障新城市贫困群体的空间利益，进而提高新城市贫困空间与城市空间耦合协调发展水平，使新城市贫困群体能够有机融入城市空间最终实现新城市贫困空间与城市空间耦合调控目标。

为了实现新城市贫困空间与城市空间耦合调控目标：

第一，需要不断优化城市空间。主要包括合理配置城市空间资源、努力提高经济发展水平、积极开发混合型居住空间和制定微观层面城市社会空间规划。城市规划中除了考虑自然环境、经济环境以外，更多考虑社会环境，并注意社会空间规划整合以及与城市功能布局规划、土地利用规划以及国民经济和社会发展规划的有效衔接，实现"多规融合"。

第二，积极治理新城市贫困空间，构建政府主导、企业帮扶、社区支持、社会参与和个人提高的治理模式。

第8章 结论与展望

8.1 主要研究结论

8.1.1 新城市贫困空间与城市空间的良性互动是缓解新城市贫困问题的有效途径

新城市贫困空间与城市空间的良性互动可以有效缓解西安市新城市贫困问题。对国内外已有研究成果进行细致梳理，针对西安市新城市贫困空间与城市空间存在的"非耦合"问题，提出新城市贫困空间与城市空间必须走向融合。利用问卷调查数据、地图影像数据、实地调查数据和相关普查、统计数据，建立了西安市新城市贫困空间和城市空间以及二者时空耦合数据库，建立科学的西安市新城市贫困空间与城市空间耦合系统定量测度指标体系，在前人大量研究成果的基础上从新城市贫困空间与城市空间耦合过程、耦合格局、耦合机制、耦合调控等方面建立起了西安市新城市贫困空间与城市空间耦合研究理论框架。在此基础上提出了新城市贫困问题研究的新思路——空间耦合。新城市贫困空间与城市空间耦合是新城市贫困空间与城市空间相互作用关系在地域空间上随着时间推移不断变化的过程，受到经济、社会、政策和体制等因素影响，新城市贫困空间与城市空间耦合状态呈现时序差异性和明显的地域分异特征。新城市贫困空间与城市空间的相互作用关系主要表现为城市空间发展对新城市贫困空间系统优化产生支持

189

作用和新城市贫困空间优化对城市空间发展产生推动作用，在城市空间发展过程中不断优化新城市贫困空间，进而实现二者的良性互动可以有效缓解西安市新城市贫困问题。

8.1.2 新城市贫困空间格局与城市空间发展水平格局分异明显

1. 通过对统计数据及研究组的调查问卷分析，并结合前期实地调查走访发现，1990～2013 年西安市新城市贫困人口主要由在职低收入人员、下岗和失业人员、外来流动人口中的贫困人员以及退休人员和无业人员组成；1990～2013 年西安市新城市贫困人口总量呈现一定的上升态势，但新城市贫困程度有所下降。新城市贫困人口主要特征表现为贫困人口男女比例相差不大；呈现年轻化趋势；以本地户籍为主，但外来人口比例有所增加；学历偏低，但高学历贫困人口有增长趋势；由在职低收入为主体向非在职为主体转变；以租赁住房为主。

2. 1990～2013 年西安市新城市贫困程度空间分布特征表现为非均质分布状态。从西安市新城市贫困程度发展来看，1990～2013 年西安市新城市贫困程度空间分布发生了由"圈层放射+局部嵌套"向"整体破碎+局部集聚"演变；1990～2013 年西安市新城市贫困类型区呈现"放射性嵌套"分布格局；重心分析表明1990～2000 年西安市新城市贫困程度重心稍偏西南迁移，2000～2013 年西安市新城市贫困程度重心稍偏东南迁移，移动距离和速度差异较大。

3. 新城市贫困人口格局分异明显且相对集中分布于旧城区和城市边缘地带。1990 年新城市贫困人口在城区东北和西南相对集中，总体呈现相对破碎状态；2000 年新城市贫困人口在城区东北和西南相对集中，内城区和主城区外围比较集中；2013 年新城市贫困人口由内城向远郊呈现逐渐增长趋势，基本沿圈层向外呈放射性分布。通过对 53 个街道新城市贫困人口密度分析表明新城市贫困人口相对集中分布于旧城区和城市边缘地带的街道。

4. 西安市城市空间发展水平格局分异显著。本书综合考虑了西安市城市空间发展过程中经济效益、社会效益、环境效益和空间效益 4 个方面，通过频度统计、理论分析和专家打分方法选取了 14 个指标构建城市空间发展水平评价指标体系，运用数理统计分析方法和 ArcGIS9.3 空间分析方法进行分析表明，1990～2013 年西安市城市空间综合效益空间格局有明显分异，空间上呈现不均衡分布状态。1990～2013 年西安市城市空间综合效益呈现出集中分布态势，高值区和中值区的街道在绕城高速以内嵌套分布，低值区街道大多分布在绕城高速以外的远郊区，沿圈层向外综合效益越来越低。重心分析表明 1990～2000 年和 1990～2013 年西安市城市空间综合效益重心分别发生了稍偏西南和稍偏东北迁移的发展趋势，移动距离和速度差异较大。

8.1.3　新城市贫困空间与城市空间耦合作用比较明显且格局分异显著

1. 新城市贫困程度越重的街道综合效益越低。借助 ArcGIS9.3 软件分析新城市贫困程度与城市空间发展水平的时空耦合关系，1990 年、2000 年和 2013 年 3 个时间断面均呈现新城市贫困程度越重的街道综合效益越低的特征。

2. 西安市新城市贫困空间系统与城市空间系统交互耦合作用比较明显。从系统分析的角度出发，以西安市 53 个街道空间单元的新城市贫困空间系统的 28 个指标和城市空间系统的 14 个指标作为新城市贫困空间与城市空间定量评价分析的指标体系，利用灰色关联分析方法对西安市新城市贫困空间与城市空间耦合进行定量测度。通过计算得到 1990 年、2000 年和 2013 年两个系统各指标之间的关联度均在 0.70 以上，属于较高关联，说明新城市贫困空间系统与城市空间系统的关系非常密切，两个系统交互耦合作用比较明显。

3. 经济效益对新城市贫困空间系统的作用较为明显和贫困水平对城市空间系统的作用较为明显。1990 年、2000 年和 2013 年西安市城市空间系统对新城市贫困空间产生影响的过程中，均是经济效益对新城市贫困空间系统的作用较为明显，其次是社会效益；1990 年、2000 年和 2013 年西安市新城市贫困空间系统对城市空间产生影响的过程中，均是贫困水平对城市空间系统的作用较为明显，其次是文化构成、职业构成。

4. 西安市新城市贫困空间与城市空间耦合紧密但耦合程度存在较大差别。1990～2013 年西安市新城市贫困空间与城市空间耦合度呈现波动性特征，一方面表明西安市新城市贫困空间与城市空间交互耦合的紧密性，另一方面也表明在西安市城市发展的不同阶段，西安市新城市贫困空间与城市空间耦合程度均存在较大差别。

5. 西安市新城市贫困空间与城市空间耦合调控形势比较迫切。1990～2013 年西安市新城市贫困空间与城市空间耦合度呈现"圈层放射"态势，空间分布上呈现非均质特征。沿圈层向外新城市贫困空间与城市空间耦合度呈现增高态势，城南地区明显低于城北地区。1990～2013 年西安市新城市贫困空间与城市空间耦合类型区的划分可以看出，在西安市城 6 区的 53 个街道，高水平耦合类型区的数量有所增加，但拮抗耦合类型区和低水平耦合类型区所占比重仍然较大。因此，西安市新城市贫困空间与城市空间耦合调控形势比较迫切。

6. 1990 年、2000 年和 2013 年西安市新城市贫困空间与城市空间耦合地域类型差异较大。通过提取了反映西安市新城市贫困空间结构的 28 个变量和西安市城市空间发展水平的 14 个变量构建了西安市新城市贫困空间与城市空间耦合定量测度指标体系。将因子分析提取的 3 个时间断面的 6 个主因子在 53 个街道的得分作为基本数据矩阵，运用聚类分析法对西安市新城市贫困空间与城市空间耦合地域类型进行划分，将 1990 年、2000 年和 2013 年西安市新城市贫困空间与城市空间耦合地域类型均划分为 6 类，并通过进一步计算 3 个时间断面各种类型的主因子得分平均值，判断各区域特征，并结合实地调研结果将其分别命名，3 个时间断面类型差异较大。

8.1.4　新城市贫困空间与城市空间耦合格局是多因素共同作用的结果

新城市贫困空间与城市空间耦合格局是经济发展、社会结构、体制改革和城市规划等因素形成合力后共同作用的结果。通过分析并结合实地调研归纳西安市新城市贫困空间与城市空间耦合机制如下：

第一，经济发展的推动作用，主要包括城市产业结构转变导致就业问题凸显和房地产经济促使居住空间多元化；

第二，社会结构的制约作用，主要表现为收入差距不断扩大导致贫富分化、不同文化水平人口的空间相对集聚和职业分层致使社会不平等逐渐外显；

第三，体制改革的促动作用，主要包括土地使用制度改革导致居住空间分异、住房制度改革引发居住空间复杂性日益突出和户籍管理制度松动引起外来人口大幅增长；

第四，城市规划的导向作用，包括城市总体规划的宏观引导、城中村改造规划的局部影响、城市新区开发的不断拉动、住房建设规划的大力推动。

8.1.5　新城市贫困空间与城市空间耦合调控应从城市空间优化和新城市贫困空间治理两方面入手

从城市空间优化和新城市贫困空间治理两方面入手对新城市贫困空间与城市空间耦合进行调控。为了实现促进城市空间的优化发展、保障新城市贫困群体的空间利益、提高新城市贫困空间与城市空间耦合协调发展水平等 3 个目标。本书从以下两个方面提出耦合调控对策：

193

第一，不断优化城市空间，主要包括合理配置城市空间资源、努力提高经济发展水平、积极开发混合型居住空间和制定微观层面城市社会空间规划；

第二，积极治理新城市贫困空间，从政府主导、企业帮扶、社区支持、社会参与和个人提高等 5 个方面构建新城市贫困空间治理模式。

8.2　研究特色与创新之处

8.2.1　提出了新城市贫困问题研究的新思路—空间耦合

近些年来，我国学者在新城市贫困空间与城市空间研究的成果颇丰，但对新城市贫困空间研究更多聚焦于新城市贫困问题本身，城市空间研究也未对新城市贫困空间予以更多关注，二者的整合研究尚未形成，单纯凭借各自领域的研究难以有效缓解转型期新城市贫困问题。因此，本书提出新城市贫困问题研究的新思路—空间耦合，从二者空间耦合出发，实现新城市贫困空间与城市空间耦合协调、有机"融合"，进而达到对新城市贫困问题有效缓解的目的。

8.2.2　探索了新城市贫困空间与城市空间耦合定量分析方法

本书从系统论的思想出发，建立了数据可得、操作简便的新城市贫困空间与城市空间耦合定量测度指标体系。该指标体系提取了反映西安市新城市贫困空间结构的贫困水平、性别构成、年龄构成、户籍构成、文化构成、在职构成、非在职构成和住房构成情况等 28 个变量以及反映西安市城市空间发展的经济效益、社会效益、环境效益和空间效益等 14 个变量组成了两个大类 12 个小类 42 个变量的西安市新城市贫困空间与城市空间耦合系统定量测度指标体系。尝试运用灰色关联分析方法建立关联度和耦合度模型,综合运用 SPSS19.0 软件中的因子分析法和聚类分析法,结合实地调查和 ArcGIS 空间分析方法进行综合分析,判断了新城市贫困空间与城市空间耦合程度并确定了耦合地域类型的划分方案。

8.2.3　验证了新城市贫困空间与城市空间的关联关系及程度

本书运用灰色关联分析方法验证了新城市贫困空间与城市空间的关联关系及关联程度。通过计算得到 1990 年、2000 年和 2013 年两个系统各指标之间的关联度,发现均在 0.70 以上,属于较高关联,通过进一步分析发现 1990 年、2000 年和 2013 年新城市贫困空间系统与城市空间系统的耦合关联类型以较高关联为主,所占比例均在 50%以上。由此可见,3 个时间断面西安市新城市贫困空间系统与城市空间系统的耦合关联类型均以较高关联为主,说明新城市贫困空间系统与城市空间系统的关系非常密切,两个系统交互耦合作用比较明显。

8.3　研究不足与未来展望

8.3.1　对新城市贫困空间与城市空间耦合理论进行更深入系统总结

本书努力尝试构建了新城市贫困空间与城市空间耦合研究的理论框架,但新城市贫困空间与城市空间耦合是一个创新且复杂的科学问题,由于知识、时间等多种因素限制,对这一领域的研究难免显得十分粗浅。今后有必要在目前研究基础上对新城市贫困空间与城市空间耦合理论进行深入系统总结，进一步拓展与升华。

8.3.2 开展更微观区域的实证研究

目前由于数据获取受限，基于街道层面进行研究，但是相对于国外的邻里来讲，地域范围和人口规模都比较大，对探索新城市贫困问题实质可能会有一定影响，开展城市更微观区域的实证研究，进而完善新城市贫困空间与城市空间耦合理论框架体系是今后进一步研究的方向。

8.3.3 进一步更新与完善研究数据及其获取方法

由于新城市贫困空间与城市空间耦合的研究数据获取难度较大，本书仅选取 3 个时间断面进行研究。受条件所限，本书所用新城市贫困空间数据主要从问卷调查、深度访谈和实地调查等途径获得，并利用官方统计数据进行了修正。由于数据的局限性，本书仅对西安市新城市贫困空间与城市空间耦合发展的过去、现在进行了理论和实证研究，而未对西安市新城市贫困空间与城市空间耦合未来发展趋势做进一步判断。今后研究应进一步对新城市贫困空间和城市空间数据获取方法和途径进行丰富完善，以便获取更全面、更准确的研究数据，进而从长时间序列上对新城市贫困空间与城市空间状态以及耦合发展趋势做进一步探讨。

8.4　本章小结

本书在西安市新城市贫困空间演变和城市空间发展水平演变研究的基础上，以促进二者耦合协调发展为目标，从过程、格局、机制、调控等方面构建了西安市新城市贫困空间与城市空间耦合研究的理论框架体系，对西安市新城市贫困空间与城市空间的耦合过程、耦合格局、耦合机制、耦合调控等进行了实证研究。本书理论与实证研究的主要结论是新城市贫困空间与城市空间的良性互动是缓解新城市贫困问题的有效途径、新城市贫困空间格局与城市空间发展水平格局分异明显、新城市贫困空间与城市空间耦合作用比较明显且格局分异显著、新城市贫困空间与城市空间耦合格局是多种因素共同作用的结果、新城市贫困空间与城市空间耦合调控应从城市空间优化和新城市贫困空间治理两方面入手。

　　本书的研究特色与创新之处主要体现在提出了新城市贫困问题研究的新思路——空间耦合、探索了新城市贫困空间与城市空间耦合定量分析方法、验证了新城市贫困空间与城市空间的关联关系及程度等 3 个方面。本书有待于进一步研究的问题主要包括对西安市新城市贫困空间与城市空间耦合理论研究有待进一步深化、对更微观区域展开实证研究、对研究数据与方法丰富完善等 3 个方面。

附录　西安市居民生活状况调查表

各位尊敬的市民朋友：

您好！我们发放到您手中的问卷，是为了了解目前西安市城市居民生活状况，为相关部门切实解决城市居民生活所面临的问题提供科学依据。诚恳希望您能给予我们大力支持，您的意见对此研究具有重要的参考价值！本研究属于匿名调查，填写内容将严格保密，调查结果仅供科学研究之用，非常感谢您对西安市居民生活问题研究与改善的参与！

陕西师范大学旅游与环境学院

居民生活调查组

一、您的基本信息

1. 您的性别：①男____；②女____。

2. 您的年龄：_____岁。

3. 您的户籍：①本地_____；②异地_____。

4. 您的职业：

1990 年		2000 年		2013 年	
在职	不在职	在职	不在职	在职	不在职
①农业 ②建筑制造业 ③企事业单位 ④批发零售业 ⑤商务服务业 ⑥公共服务业	①下岗人员 ②退休人员 ③失业人员 ④无业人员 ⑤其他	①农业 ②建筑制造业 ③企事业单位 ④批发零售业 ⑤商务服务业 ⑥公共服务业	①下岗人员 ②退休人员 ③失业人员 ④无业人员 ⑤其他	①农业 ②建筑制造业 ③企事业单位 ④批发零售业 ⑤商务服务业 ⑥公共服务业	①下岗人员 ②退休人员 ③失业人员 ④无业人员 ⑤其他

5. 您的受教育水平：

1990 年	2000 年	2013 年
□①小学及以下 □②初中 □③高中 □④大专及以上	□①小学及以下 □②初中 □③高中 □④大专及其以上	□①小学及以下 □②初中 □③高中 □④大专及以上

二、居住状况

1. 家庭住址：_____区_____街道_____居(村) 委会。

2．住房来源：

(1) 自购住房，房价_____元／m²，购房时间为_____年。

(2) 租赁住房，租金为_____元／月或_____元/年。

(3) 单位住房。

(4) 其他。

三、收支状况

年份	1990 年	2000 年	2013 年
1．您的月收入/元			
2．您的月支出/元			
3．您的的生活最大支出项： ①食品； ②教育； ③医疗； ④住房； ⑤其他			
4．您的生活最大支出项所占比例			

四、您认为月收入低于_____元，会明显感到生活困难。

十分感谢您花费宝贵的时间帮助完成此次调查，祝您生活愉快，平安如意！

参考文献

[1] 张茂林，程玉申．社会转型时期城镇贫困人口特征、成因及测度[J]．人口研究，1996，20(3)：7-16．

[2] 马清裕，陈田，牛亚菲，等．北京城市贫困人口特征、成因及其解困对策[J]．地研究，1999，18(4)：400-406．

[3] 慈勤英．"文革"、社会转型与剥夺性贫困——城市贫困人口年龄分布特征的一解释[J]．中国人口科学，2002，(2)：20-27．

[4] 朱庆芳．城镇贫困阶层与解困对策[J]．中国社会工作，1997(1)：21-23．

[5] 吴碧英．城镇贫困：成因、现状与救助[M]．北京：中国劳动社会保障出版社，2004．

[6] 李若建．大城市低收入老人群体状况分析[J]．人口与经济，2000(2)：35-39．

[7] 孙陆军，张恺悌．中国城市老年人的贫困问题[J]．人口与经济，2003，140(5)：1-7．

[8] 楼喻刚．我国城市贫困现状及贫困成因[J]．人口与经济，2001，(S10)：32-33．

[9] 苏勤，林炳耀，刘玉亭．面临新城市贫困我国城市发展与规划的对策研究[J]．人文地理，2003，18(5)：17-21．

[10] 刘家强，唐代盛，蒋华．中国新贫困人口及其社会保障体系构建的思考[J]．人口研究，2005(6)：10-18．

[11] 陈涌．城市贫困区位化趋势及影响[J]．城市问题，2000，(6)：15-17．

[12] 李潇，王道勇．中美两国城市贫困区位化比较研究[J]．人口学刊，2004，

(1)：53-57.

[13] 陈云. 城市贫困区位化与社区重建[J]. 中南民族大学学报(人文社会科学版)，2009，29(1)：86-89.

[14] 高云虹. 中国转型时期城市贫困区位化现象探析[J]. 当代财经，2010(8)：81-87.

[15] 苏勤，林炳耀，沈山. 转型期中等城市新城市贫困问题实证研究——以安徽省芜湖市为例[J]. 经济地理，2003，23(5)：630-634.

[16] 陈果，顾朝林，吴缚龙. 南京城市贫困空间调查与分析[J]. 地理科学，2004，24(10)：542-548.

[17] 吕露光. 城市居住空间分异及贫困人口分布状况研究——以合肥市为例[J]. 城市规划，2004，(06)：74-77.

[18] 吴文鑫. 兰州城市贫困问题研究[D]. 兰州：兰州大学硕士学位论文，2006.

[19] 袁媛，薛德升，许学强. 转型时期广州大都市区户籍贫困人口特征和空间分布[J]. 热带地理，2006，26(3)：248-253.

[20] 袁媛，许学强，薛德升. 转型时期广州城市户籍人口新贫困的地域类型和分异机制[J]. 地理研究，2008，27(3)：672-682.

[21] 李庆瑞. 成都城市贫困空间研究[D]. 重庆：西南交通大学硕士学位论文，2009.

[22] 胡晓红. 转型期西安市城市贫困空间分异研究[D]. 西安：陕西师范大学硕士学位论文，2010.

[23] 林胜利. 空间视野下的中国城市贫困——以河北省保定市为例[D]. 武汉：华中师范大学博士学位论文，2011.

[24] 骆玲. 武汉市贫困人口空间分布及其形成机制[D]. 武汉：华中师范大学硕士学位论文，2012.

[25] 谌丽，张文忠，党云晓，等. 北京市低收入人群的居住空间分布、演变与聚居类型[J]. 地理研究，2012，31(4)：720-732.

[26] 刘玉亭，何深静，顾朝林，等. 国外城市贫困问题研究[J]. 现代城市研

究，2003(1)：78-86.

[27] 刘玉亭，何深静，顾朝林，等. 国外城市贫困问题研究[J]. 城市问题，2002(5)：45-49.

[28] 吴理财. 论贫困文化(上)[J]. 社会，2001(8)：17-20.

[29] 周怡. 贫困研究：结构解释与文化解释的对垒[J]. 社会学研究，2002(3)：51-63.

[30] 樊平. 中国城镇的低收入群体——对城镇在业贫困者的社会学考察[J]. 中国社会科学，1996，(4)：64-70.

[31] 李强，洪大用. 我国城镇贫困层问题及其对策[J]. 人口研究，1996，(5)：39-42.

[32] 陈端计. 中国经济转型中的城镇贫困研究[M]. 北京：经济科学出版社，1999.

[33] 甘德霞. 世纪之交：走出城镇贫困的包围圈——甘肃省城镇居民生活贫困程度的动态调查[J]. 经济管理研究，1998(1)：17-20.

[34] 关信平. 现阶段中国城市的贫困问题及反贫困政策[J]. 江苏社会科学，2003(2)：108-115.

[35] 曹扶生. 上海城市贫困问题与反贫困对策研究[D]. 上海：华东师范大学博士学位论文，2009.

[36] 刘春怡. 转型期我国城市贫困人口的社会救助问题研究——以长春市为例[D]. 长春：吉林大学博士学位论文，2011.

[37] 蒋青，段海英，王黎华. 我国城市贫困的研究与思考[J]. 社会科学研究，1996(2)：68-73.

[38] 李强. 中国城市贫困层问题[J]. 福州大学学报(哲学社会科学版)，2005(1)：21-28.

[39] 袁媛，薛德升，许学强. 转型时期我国城市贫困研究述评[J]. 人文地理，2006(1)：93-99.

[40] 高云虹. 西部地区大中城市贫困问题研究——以兰州市为例[J]. 财经科

学，2007(3)：118-124.

[41] 高云虹．中国城市贫困问题的制度成因[J]．经济问题探索，2009(6)：57-62.

[42] 胡永和．中国城镇新贫困问题研究[M]．北京：中国经济出版社，2011.

[43] 梁汉媚．城市贫困空间分异与脱贫对策研究[D]．北京：首都师范大学硕士学位论文，2012.

[44] 梁俊兰，王跃华．亚洲三国反城市贫困政策[J]．国外社会科学，1996，(2)：83-85.

[45] 文军．试论我国城市贫困化问题[J]．城市问题，1997(5)：35-38.

[46] 鲁文斌．现阶段我国城市新贫困问题探析[D]．太原：山西财经大学硕士学位论文，2012.

[47] 陆红．我国城市贫困者的主体解释与缓解贫困的对策探析[J]．经济研究参考，2013(23)：82-84.

[48] 曹燕．西安市城区贫困群体问题研究[D]．西安：西安科技大学硕士学位论文，2008.

[49] 黎洪艇．西安市城市贫困分析及解困研究[D]．西安：西北大学硕士学位论文，2008.

[50] 张常桦．西安贫困阶层的城市空间分布结构研究[D]．西安：西北大学硕士学位论文，2012.

[51] 刘溪．西安市新城市贫困空间格局及形成机制研究[D]．西安：陕西师范大学硕士学位论文，2014.

[52] 吕晓芬．西安市新城市贫困与城市功能格局的时空耦合研究[D]．西安：陕西师范大学硕士学位论文，2014.

[53] 赵奂．西安城市环境与城市贫困的时空耦合研究[D]．西安：陕西师范大学硕士学位论文，2014.

[54] 王翔．西安市新城市贫困空间格局与人口格局时空耦合研究[D]．西安：陕西师范大学硕士学位论文，2014.

[55] 薛东前，赵免，罗正文．西安城市贫困与城市环境质量的时空耦合分析[J]．陕西师范大学学报(自然科学版)，2014，42(6)：94-99．

[56] 暴向平，薛东前，刘溪，等．基于多尺度的西安市新城市贫困空间分布特征及其形成原因[J]．干旱区资源与环境，2015，29(1)：17-23．

[57] 阿里·迈达尼普尔．欧阳文等译．城市空间设计[M]．北京：中国建筑工业出版社，2009．

[58] 吴启焰，朱喜钢．城市空间结构研究的回顾与展望[J]．地理学与国土研究，2001，17(2)：46-50．

[59] 黄晓军．城市物质与社会空间耦合机理与调控研究[D]．长春：东北师范大学博士学位论文，2011．

[60] 王兴中等．中国城市商娱场所微区位原理研究[M]．北京：科学出版社，2009．

[61] 崔功豪，武进．中国城市边缘区空间结构特征及其发展——以南京等城市为例[J]．地理学报，1990，45(4)：399-411．

[62] 顾朝林等．中国大城市边缘区研究[M]．北京：科学出版社，1995．

[63] 史培军，陈晋，潘耀忠．深圳市土地利用变化机制分析[J]．地理学报，2000，55(2)：151-160．

[64] 匡文慧，张树文，张养贞，等．1900年以来长春市土地利用空间扩张机理分析[J]．地理学报，2005，60(5)：841-850．

[65] 王兆礼，陈晓宏，曾乐春，等．深圳市土地利用变化驱动力系统分析[J]．长江流域资源与环境，2006，16(6)：124-128．

[66] 赵荣．试论西安城市地域结构演变的主要特点[J]．人文地理，1998，13(3)：25-29．

[67] 吴启焰，任东明．改革开放以来我国城市地域结构演变与持续发展研究——以南京都市区为例[J]．地理科学，1999，19(2)：108-113．

[68] 车前进，曹有挥，马晓冬，等．基于分形理论的徐州城市空间结构演变研究[J]．长江流域资源与环境，2010，19(8)：859-866．

[69] 闫小培，姚一民. 广州第三产业发展变化及空间分布特征分析[J]. 经济地理，1997，17(2)：41-48.

[70] 娄晓黎，谢景武，王士君. 长春市城市功能分区与产业空间结构调整问题研究[J]. 东北师范大学学报(自然科学版)，2004，36(3)：101-107.

[71] 褚劲风. 上海创意产业空间集聚的影响因素分析[J]. 中国人口·资源与环境，2009，19(2)：170-174.

[72] 薛东前，刘虹，马蓓蓓. 西安市文化产业空间分布特征[J]. 地理科学，2011，31(7)：775-780.

[73] 薛东前，黄晶，马蓓蓓. 西安市文化娱乐业的空间格局及热点区模式研究[J]. 地理学报，2014，69(4)：541-552.

[74] 杨荣南，张雪莲. 对城市空间扩展的动力机制与模式研究[J]. 地域研究与开发，1997，16(2)：1-5.

[75] 石崧. 城市空间结构演变的动力机制分析[J]. 城市规划汇刊，2004，149(1)：50-52.

[76] 陈群元，喻定权. 我国城市空间扩展的动力机制研究——以长沙市为例[J]. 规划师，2007，23(7)：72-75.

[77] 廖和平，彭征，洪惠坤，等. 重庆市直辖以来的城市空间扩展与机制[J]. 地理研究，2007，26(6)：1137-1146.

[78] 王厚军，李小玉，张祖陆，等. 1979-2006 年沈阳市城市空间扩展过程分析[J]. 应用生态学报，2008，19(12)：2673-2679.

[79] 乔林凰，杨永春，向发敏，等. 1990 年以来兰州市的城市空间扩展研究[J]. 人文地理，2008，23(3)：59-63.

[80] 虞蔚. 城市社会空间的研究与规划[J]. 城市规划，1986，10(6)：25-28.

[81] 许学强，胡华颖，叶嘉安. 广州市社会空间结构的因子生态分析[J]. 地理学报，1989，44(4)：385-399.

[82] 艾大宾，王力. 我国城市社会空间结构特征及其演变趋势[J]. 人文地理，2001，16(2)：7-11.

[83] 周春山，刘洋，朱红. 转型时期广州市社会区分析[J]. 地理学报，2006，61(10)：1046-1056.

[84] 李志刚，吴缚龙. 转型期上海社会空间分异研究[J]. 地理学报，2006，61(2)：199-211.

[85] 庞瑞秋，庞颖，刘艳军. 长春市社会空间结构研究——基于第五次人口普查数据[J]. 经济地理，2008，28(3)：437-441.

[86] 徐旳，朱喜刚，李唯. 南京城市社会区空间结构——基于第五次人口普查数据的因子生态分析[J]. 地理研究，2009，28(2)：484-498.

[87] 宣国富，徐建刚，赵静. 基于 ESDA 的城市社会空间研究——以上海市中心城区为例[J]. 地理科学，2010，30(1)：23-29.

[88] 宋伟轩，徐旳，王丽晔，等. 近代南京城市社会空间结构——基于 1936 年南京城市人口调查数据的分析[J]. 地理学报，2011，66(6)：771-784.

[89] 张利，雷军，张小雷. 乌鲁木齐城市社会区分析[J]. 地理学报，2012，67(6)：817-828.

[90] 徐晓军. 我国城市社区走向阶层化的实证分析——以武汉市两典型住宅区为例[J]. 城市发展研究，2000，(4)：31-33.

[91] 刘玉亭，吴缚龙，何深静，等. 转型期中国城市低收入邻里的类型、特征和产生机制：以南京市为例[J]. 地理研究，2006，25(6)：1073-1082.

[92] 李志刚，吴缚龙，卢汉龙. 当代我国大都市的社会空间分异——对上海三个社区的实证研究[J]. 城市规划，2004，28(6)：60-67.

[93] 冯健，王永海. 中关村高校周边居住区社会空间特征及其形成机制[J]. 地理研究，2008，27(5)：1004-1016.

[94] 魏立华，丛艳国，李志刚，等. 20 世纪 90 年代广州市从业人员的社会空间分异[J]. 地理学报，2007，62(4)：407-417.

[95] 付磊，唐子来. 上海市外来人口社会空间结构演化的特征与趋势[J]. 城市规划学刊，2008(1)：69-76.

[96] 李志刚，薛德升，Michael Lyon，等. 广州小北路黑人聚居区社会空间

分析[J]. 地理学报，2008，63(2)：207-218.

[97] 李志刚，杜枫. 中国大城市的外国人"族裔经济区"研究——对广州"巧克力城"的实证[J]. 人文地理，2012(6)：1-6.

[98] 钱前，甄峰，王波. 南京国际社区社会空间特征及其形成机制——基于对菌蓿园大街周边国际社区的调查[J]. 国际城市规划，2013，28(3)：98-105.

[99] 颜文涛，萧敬豪，胡海，等. 城市空间结构的环境绩效：进展与思考[J]. 城市规划学刊，2012(5)：50-59.

[100] 郭增荣，赵洪才，张国全. 城市效益评价方法初探[J]. 城市规划，1991(3)：48-51.

[101] 陈勇. 城市空间评价方法初探——以重庆南开步行商业街为例[J]. 重庆建筑大学学报，1997，19(4)：38-45.

[102] 江曼琦. 城市空间结构优化的经济分析[M]. 北京：人民出版社，2001.

[103] 黄妙芬，李坚诚，方玫. 潮汕三市城市发展综合效益评价[J]. 汕头大学学报(人文社会科学版)，2004，20(4)：40-43.

[104] 韦亚平，赵民. 都市区空间结构与绩效——多中心网络结构的解释与应用分析[J]. 城市规划，2006(4)：9-16.

[105] 李雅青. 城市空间经济绩效评估与优化研究[D]. 武汉：华中科技大学硕士学位论文，2009.

[106] 吕斌，曹娜. 中国城市空间形态的环境绩效评价[J]. 城市发展研究，2011(7)：38-46.

[107] 车志晖，张沛. 城市空间结构发展绩效的模糊综合评价——以包头中心城市为例[J]. 现代城市研究，2012(6)：50-58.

[108] 顾朝林，C•克斯特洛德. 北京社会极化与空间分异研究[J]. 地理学报，1997，52(5)：385-393.

[109] 王慧. 开发区发展与西安城市经济社会空间极化分异[J]. 地理学报，2006，61(10)：1011-1023.

[110] 吴智刚，周素红. 城中村改造：政府、城市与村民利益的统——以广

州市文冲城中村为例[J]．城市发展研究，2005，12(2)：48-53．

[111] 郭强，杨恒生，汪斌锋．城市空间与社会空间的结构性关联[J]．苏州大学学报，2012(1)：29-33．

[112] 袁媛，许学强．国外综合贫困研究及对我国贫困地理研究的启示[J]．世界地理研究，2008，17(2)：121-127．

[113] 高云虹．中国转型期城市贫困问题研究[D]．武汉：华中科技大学博士学位论文，2007．

[114] 雷诺兹．微观经济学[M]．北京：商务印书馆，1986．

[115] 西奥多·w·舒尔茨．论人力资本投资[M]．北京：北京经济学院出版社，1990．

[116] 西奥多·w·舒尔茨．经济增长与农业[M]．北京：北京经济学院出版社，1991．

[117] 刘玉亭，何深静，顾朝林，等．国外城市贫困问题研究[J]．现代城市研究，2003(1)：78-86．

[118] 保罗·萨缪尔森，威廉·诺德豪思．经济学(第 16 版) [M]．北京：华夏出版社，1999．

[119] 李军．中国城市反贫困论纲[M]．北京：经济科学出版社，2004．

[120] 江亮演．社会救助的理论和实务[M]．台北：桂冠图书公司，1990．

[121] 童星，林闽钢．我国农村贫困标准线研究[J]．中国社会科学，1993(3)：86-98．

[122] 康晓光．我国贫困与反贫困理论[M]．南宁：广西人民出版社，1995．

[123] 张茂林，张善余．社会转型期城镇贫困人口的特征、成因及其思考[J]．人口学刊，1996(1)：9-16．

[124] 唐钧.确定中国城镇贫困线方法的探讨[J].社会学研究,1997(2):60-71.

[125] 屈锡华，左齐．贫困与反贫困——定义、度量和目标[J]．社会学研究，1997(3)：106-115．

[126] 慈勤英．社会进步与城市贫困概念的发展[J]．湖北大学学报(哲学社会

科学版），1998(5)：90-92.

[127] 关信平. 我国城市贫困问题研究[M]. 长沙：湖南人民出版社，1999.

[128] 尹志刚，焦永刚，马小红，等. 北京市城市居民贫困问题调查研究[J]. 新视野，2002(1)：47-51.

[129] 段进. 城市空间发展论[M]. 南京：江苏科学技术出版社，1999.

[130] 孙施文. 城市规划哲学[M]. 北京：中国建筑工业出版社，1997.

[131] 汪和建. 城市物质环境质量及其评价体系[J]. 南京大学学报(哲学社会科学版)，1994(1)：157-164.

[132] 刘耀彬，李仁东，宋学锋. 中国城市化与生态环境耦合度分析[J]. 自然资源学报，2005，20(1)：105-112.

[133] 庄友刚. 唯物史观视野中的空间生产、城市发展与人类解放[J]. 河北学刊，2011，31(4)：43-49.

[134] 李斌. 社会排斥理论与中国城市住房制度改革[J]. 社会科学研究，2002(3)：106-110.

[135] 余瑞林. 武汉城市空间生产的过程、绩效与机制分析[D]. 华中师范大学博士学位论文，2013.

[136] 殷洁，罗小龙. 资本、权力与空间："空间的生产"解析[J]. 人文地理. 2012(2)：12-16.

[137] 刘玉亭. 转型期中国城市贫困的社会空间[M]. 北京：科学出版社，2005.

[138] 暴向平，薛东前，马蓓蓓，等. 1990-2013 年西安市新城市贫困人口格局演变[J]. 陕西师范大学学报(自然科学版)，2015，43(1)：98-102.

[139] 暴向平，薛东前，郭瑞斌. 陕西省旅游文化产业实力差异及空间结构构建[J]. 干旱区地理，2015，38(1)：190-198.

[140] 汪洋，陈亚宁，陈忠升. 塔里木盆地北缘人口与经济重心演变及其关联分析[J]. 干旱区地理，2012，35(2)：318-323.

[141] 袁媛，林太志，骆逸玲. 城市生态社区的多空间评价体系与应用初探——以广州为例[J]. 国际城市规划，2012，27(2)：41-46.

[142] 李随成. 定性决策指标体系评价研究[J]. 系统工程理论与实践, 2001(9): 22-28.

[143] 暴向平, 薛东前, 李庆雷, 等. 陕西省旅游经济区域差异研究[J]. 内蒙古师范大学学报(自然科学汉文版), 2015, 44(1): 93-97.

[144] 赵安周, 白凯, 卫海燕. 入境旅游目的地城市的旅游意象评价指标体系研究——以北京和上海为例[J]. 旅游科学, 2011, 25(1): 54-60.

[145] 顾朝林. 城市实力综合评价方法初探[J]. 地域研究与开发, 1992, 11(1): 5-11.

[146] 邓聚龙. 灰色系统基本方法[M]. 武汉: 华中理工大学出版社, 1987.

[147] 傅立. 灰色系统理论及其应用[M]. 北京: 科学技术文献出版社, 1992.

[148] 黄晓军, 李诚固. 城市物质环境与人口结构耦合的关联分析——以长春市为例[J]. 人文地理, 2011(6): 114-119.

[149] 刘耀彬, 李仁东, 宋学锋. 中国区域城市化与生态环境耦合的关联分析[J]. 地理学报, 2005, 60(4): 237-247.

[150] 毕其格, 宝音, 李百岁. 内蒙古人口结构与区域经济耦合的关联分析[J]. 地理研究, 2007, 26(5): 996-1004.

[151] 黄金川, 方创琳. 城市化与生态环境交互耦合机制与规律性分析[J]. 地理研究 2003, 22(2): 211-220.

[152] 邓德芳, 段汉明. 北疆城镇区域人口发展中的问题及人口空间分布特征[J]. 干旱区资源与环境, 2009, 23(8): 53-60.

[153] 陆学艺. 当代中国社会阶层研究报告[M]. 北京: 社会科学文献出版社, 2002.

[154] 李传斌. 西安市城市空间结构演替研究[D]. 西安: 西北大学硕士学位论文, 2002.

[155] 洪增林. 城中村改造模式及效益研究——以西安市城中村改造为例[J]. 西安建筑科技大学学报(自然科学版), 2010, 42(3): 431-435.

[156] 世界银行. 2000/2001 年世界发展报告: 与贫困作斗争[M]. 北京: 中

国财政经济出版社，2001.

[157] 暴向平. 基于贫困人口集聚度的新城市贫困人口集疏格局——以西安市为例[J]. 三峡大学学报(人文社会科学版)，2014(6)：54-57.

[158] 黄晓军，李诚固，黄馨. 转型期我国大城市社会空间治理[J]. 世界地理研究，2009，18(1)：67-73.